天下文化
BELIEVE IN READING

我們與機器人
的光明未來

建造更美好的世界

THE HEART AND THE CHIP
Our Bright Future with Robots

by Daniela Rus and Gregory Mone

羅斯、莫恩／著
張嘉倫／譯

我們與機器人的光明未來

建造更美好的世界

| 推 薦 序 | 機器之芯，亦是人之心　　林百里 | 004 |
| 引　　言 | 機器人賦予我們超能力 | 007 |

第一部　夢想　　　　　　　　　　　　　018

第 1 章	心有餘，力也足	019
第 2 章	超越感官極限	037
第 3 章	一寸光陰一寸金	053
第 4 章	克服重力	071
第 5 章	機器人的魔法	083
第 6 章	化隱為顯	101
第 7 章	精準執行	113

第二部　現實　　　　　　　　　　　　　124

| 第 8 章 | 如何建造機器人？ | 125 |
| 第 9 章 | 機器人的大腦 | 143 |

THE HEART AND THE CHIP
Our Bright Future with Robots

第 10 章	靈巧操作	161
第 11 章	機器人如何學習	173
☆	機器人相關技術概覽	193
第 12 章	科技專家的待辦事項清單	203

第三部　責任　　　　　　　　218

第 13 章	可能的未來	219
第 14 章	可能發生的問題？	235
第 15 章	未來工作	251
第 16 章	運算教育	265
第 17 章	前行的巨大挑戰	281
結　語	機器人之夢	299

誌謝	303
參考資料	305

推薦序

機器之芯，亦是人之心

林百里（廣達電腦股份有限公司董事長）

我仍記得，去年收到老朋友麻省理工學院電腦科學暨人工智慧實驗室（MIT CSAIL）主任丹妮拉・羅斯（Daniela Rus）教授從波士頓寄來她的新書，還未翻開內頁，就被書名吸引：

《The Heart and the Chip: Our Bright Future with Robots》

這本書原來不止是一本關於晶片的科技書，它更精準道出這個時代一個最深刻的命題：如何結合「芯（Chip）與心（Heart）」，讓冷冽的機器理性與溫暖的人性智慧，攜手走向和諧平衡的未來？

中文版書名定為《我們與機器人的光明未來》，巧妙截取原書副標題，不僅延續了原意，更鮮明呼應作者的願景：一個以人為本、科技共好的未來。

這份願景，也是我與丹妮拉的團隊，在廣達研究院與 MIT CSAIL（Computer Science and Artificial Intelligence Laboratory）合作二十

多年來始終堅持的信念。在創新思潮日新月異的當代，至關重要的問題，已不再僅僅是「機器可以做到什麼？」而是更深一層的叩問：「科技是否讓我們成為更好的人？」

尤為動人的是，丹妮拉在書中分享了許多自身、家庭和社會的真實經驗與觀察，這些片段不僅是她學術旅程的起點，更展現她做為科學家對現實世界的深刻回應。她所探討的，早已超越科技能力的範疇，而是深刻觸及科技與人之間那份不可或缺的連結、意義與溫情。

相較於討論人工智慧的無所不能，這本書更關注的是科技的價值、局限，以及我們應承擔的責任。它提醒我們，真正值得追問的，不是科技「還能做到什麼」，而是「我們選擇怎麼使用它」。

全書分為三個部分：

第一部〈夢想〉

描繪人類自古以來對力量、視覺、飛行，甚至魔法的想像，如何透過機器人成為現實的延伸；

第二部〈現實〉

深入淺出的介紹機器人如何被建構、如何感知、如何學習與行動；

第三部〈責任〉

面對工作、倫理與教育的未來，引導我們思考：在機器人的世界裡，人類該扮演什麼角色？

書中一句話特別令我共鳴：Robots are tools, not destiny.（機器人只是工具，而非左右命運。）

這本書是寫給所有關心未來的人：不論你是工程師、教育者、醫師、創業者，還是一位渴望理解這個時代脈動的讀者，都能從中找到啟發。

願這本書如同導航星辰，提醒我們：真正的進步，不是科技替代人類，而是科技讓我們成為更好的人。

引言

機器人賦予我們超能力

我的工作是打造機器人，包括它們的身體和大腦。其他人得知我的職業時，通常會有兩種反應。一部分的人會憂慮，開玩笑提起「天網」，這個虛構的電腦系統在電影《魔鬼終結者》中，引發了機器革命，他們會詢問機器人何時接管全世界；另一部分的人則會問，他們的車何時能自動載他們上下班。

我的回答呢？前者永遠不會發生，後者還需要很長的一段時間。然而，目前確實有一場機器人革命正在進行，並且為我們的社會和生活帶來巨變。在這史無前例的時刻，目前大約有三百一十萬臺機器人在工廠中作業，從組裝電腦到包裝產品，再到監測空氣品質，無所不包。我們即將迎來更多激動人心的新機會和新應用。機器人不會搶走我們的工作，反而是讓我們更有能力、更高效、更精確。倘若這場革命能夠獲得恰當而明智的引導，智慧機器（smart machine）很可能像鋤犁大幅改善農業時代的人類生活一樣，顯著提升我們未來的生活品質。

實現新世界的願景

我成長於社會主義時期的羅馬尼亞，經常沉浸在法國小說家凡爾納（Jules Verne）的科幻小說中，幻想乘坐奇異的交通工具，前往遙遠的異境。當時，我們只有兩個電視節目可供選擇：《朱門恩怨》和《太空迷航》。儘管兩部作品都涉及異境文化，但我格外著迷於羅賓森一家的冒險故事、以及那總是拯救他們於危難的強大機器人。

《太空迷航》和凡爾納的小說激發了我的想像力，不久後，我便萌生了關於機器人的幻想。我喜歡和朋友一起打籃球，但我總是當中最矮的一個。多數處於這種情況的孩子，都希望自己能一夕長高。但我卻想像能製造一雙機器球鞋，讓我可以一躍跳過朋友們的頭頂，來一記灌籃。

我小時候，父母非常喜愛登山健行。我們住在環繞外西凡尼亞的喀爾巴阡山脈山麓，此地因小說《德古拉》而聞名。我不記得年少時曾遇過任何不死吸血鬼，但在那些山中長途徒步時，的確經歷了自己的「恐怖」故事。這些山徑對成人來說也許還算輕鬆，但在九歲的我心目中，簡直是令人筋疲力盡的酷刑。當我拚命跟上我大步邁進的物理學家母親和電腦科學家父親時，腦中常浮現科幻小說的解決方案。我想著要建造機器腿或自動人行道，來幫助我毫不費力就跟上他們的步伐。

當時，這些只是一個孩子的夢想，但時至今日，我仍懷帶著機器人的夢想，而且這類機器和增強技術已經觸手可及了。數十年來，我一直致力於打造客製化智慧機器，來協助大眾完成基本和複雜的認知與實體任務，以實現新世界的願景。這樣的科技，在我任職的麻省理工學院電腦科學暨人工智慧實驗室（CSAIL）、友人任職的其他大學與研究機構實驗室、以及許多具前瞻思維的企業中，已日益成熟。機器人已能幫助人類探勘凡爾納深深著迷的神祕深邃海洋；協助我們探索火星表面，探查距離地球三千四百萬英里外的行星土壤；智慧機器現在可以修剪草坪、擔任私人健身教練、耕田、擠牛奶等。

雖然還無人開發出能讓我灌籃的機器球鞋，但我們離這個目標也愈來愈近。此外，我也在研發其他運動相關的增強技術，包括內建人工肌肉的穿戴式機器襯衫，來幫助運動員訓練；而我私心想要的，則是更厲害的網球正手拍；若你的需求是改進高爾夫揮桿，我們也能設計出相應的機器人來提供協助。

　　隨著時光飛逝，我的兒時夢想變得更大膽。當我塞在車陣中時，我會思考自己要如何按下按鈕，就讓車子飛到半空中；有時我會再冒險犯難一些，甚至想像自己棄車，然後製造出一副帶翅膀的外骨骼或機器人裝甲，像我最愛的超級英雄鋼鐵人一樣飛去上班。我不怕承認，我熱愛《鋼鐵人》系列電影，東尼·史塔克和他高科技、AI（人工智慧）強化的外骨骼動力服，這麼一個自信迷人且能力超群的角色，徹底體現了機器人技術的巨大潛能。史塔克運用自己的智慧、創意和AI、機器人技術、電子、航空和設計等知識，改造鋼鐵人戰衣，使自己能力大增。他的超能力來自於他的頭腦，而非被神祕的蜘蛛咬傷或宇宙碰撞。在我眼中，鋼鐵人才是終極的超級英雄。

　　以我們目前的能力和技術，要打造出鋼鐵人戰衣，仍然有很長的路要走，我也不指望人類能在短期內穿著機器人裝甲，四處飛行。然而，這個虛構角色代表了人類未來的可能性──只要我們能有效傾注熱情、智慧和集體資源，就能透過科技，提升人類的能力與生活體驗。

　　但是，鋼鐵人也提醒了我們潛在的風險，任何個人或團體都不應被單獨賦予重責，將如此強大的技術引入世間。我們必須確

保機器人技術能造福最多的人。我期盼有一天，人人都能利用機器人增強技術，成為超級版本的自己。就像手機，曾經只是少數富人的昂貴玩具，而如今，全球數十億人每天都在使用智慧型手機，即時獲取資訊和聯繫他人，提升了生活品質。我深信機器人技術也能沿著這條道路發展。

智慧機器五花八門

我雖是夢想家，但並非不切實際的烏托邦主義者。多年來，我一直密切參與研發工作，試圖將漫畫書或白日幻想的機器，化為現實生活的一部分。我深知其中的局限、風險、危險和潛力；即便如此，我依然難以壓抑內心的熱情和興奮，因為我親眼見證了未來正逐漸成形。我建造了能夠爬行、行走、跳躍、駕駛、治療、游泳、清潔、變形、思考、甚至飛行的智慧機器；對機器人的運作原理瞭若指掌，也十分清楚機器人技術今天、明天和未來幾年的能力與限制。

多數人聽到「機器人」一詞時，會聯想到金屬製的人形機器人，但智慧機器的形式五花八門，製造的材料也不盡相同。我們目前已建造出軟性機器人、微型機器人和變形機器人，研究人員也在利用生物細胞設計機器人。此外，從機器蜜蜂到機器家具，幾乎任何自然環境中的物體、或建築物裡外，都能變成機器人。當刺眼的陽光讓我的學生難以看清電腦螢幕時，我們設計並製造了一款隨日光移動的機器窗簾。

我希望這本書能帶領你,以機器人學家的視角看待世界,發掘大大小小問題中的創意解決方案;同時,我也希望在展望未來之時,能提供平衡的觀點,誠實評估這個領域的現狀,檢視目前的技術發展與不足之處,分析我們需要克服的挑戰、可充分把握的機會,還要考量我們在推動機器人技術時的社會責任。

我是樂觀主義者,但是這種樂觀也伴隨著巨大責任。機器人技術是強大的工具,我們必須謹慎思考其應用的後果,確保機器人與 AI 能造福公眾利益,讓所有人都有機會受惠於科技帶來的未來。這需要我們深入思考潛在議題,為各種可能性做好規劃,建立解決方案,避免造成任何傷痛或損害。

結合科技與人性的優勢

首先,容我先澄清一個常見的誤解。不論你在電影或在網際網路看到什麼關於 AI 的內容,機器人目前都尚未奇蹟似的變成全能、獨立的實體,也不是科幻小說常暗示的那種可怕的邪惡力量,最終勢必走上反叛人類創造者一途。

機器人只是工具,正如鐵鎚一樣,本身並無好壞之分。各位不妨將這新一代的非凡機器視為非常先進的鐵鎚,其影響與價值取決於我們選擇如何使用它們。而我們有能力做出明智的選擇,讓這些工具用於改善世界或達成有意義的目標。例如,我們可與機器人合作,開發更好的藥物、讓交通更安全高效、將高危險或困難的工作交給機器人、即時翻譯對話、甚至賦予自己超能力。

引言　機器人賦予我們超能力

　　沒錯,就是超能力。我是一位十分自豪的「機器人之母」,這個領域過去十年取得的成就令人驚嘆,但我們在未來二十年即將達成的成果更令人期待。的確,我們才剛剛起步,近期 AI 領域的突破只是開端,機器人比起人類依舊十分原始。但研究這些技術,讓我更加讚嘆人類身體與心靈的神奇,無論是歌劇家高亢的歌聲、芭蕾舞者優雅且宛若無重力的舞姿、詩人充滿力量且無比優美的詩歌,或科學家用簡單變項呈現自然律的優雅公式,這些精妙的創作和成就無法由機器取代,這些「壯舉」仍將源於人類本身的創造力與智慧。事實上,研究 AI 和機器人技術,讓我更深入理解人類物種驚人的認知能力、想像力和創造力,更遑論人體的力量與能力了。

　　我們在人機之間的較量中,仍有許多方面遠勝機器人。然而智慧機器確實在部分領域超越了我們。智慧機器憑藉著強大的晶片,能以人類無法企及的速度,飛快處理和分析難以想像的龐大數據;機器人能以無比的精準度,重複執行特定任務。

　　不過,即便是最先進的機器智能,依然缺乏智慧、知識和理解力。它們無法良好應對不確定性或未預見的變化;它們可以模仿藝術,但遠不及藝術家那般富有創造力。智慧機器也許能製作出類似畢卡索的作品,但不會有「畢卡索機器人」,也沒有機器人能像立體派藝術家一樣,汲取社會上的流行思想,創造出全新具突破性的藝術表達風格。AI 寫作程式或許能產出幾句或幾段看似合理的文字,甚至與真人創作幾可亂真,但是它無法創作出洞察人心、探究人類境況的偉大經典作品,不會有 AI 版的莎士

比亞或托爾斯泰。機器人擁有卓越的能力，但在諸多領域仍存在不足，它們缺乏與生俱來的內在動力與情感。簡而言之，機器人少了「人性」。

我們時常製造出人類與機器人（或人性與科技）之間的緊張關係，但實際上我們應該做的，是花更多心思，去思考如何結合兩者，發揮各自的優勢。人類主導著這項科技的設計和應用，機器人和 AI 的未來發展皆由我們決定，當我們聚焦於結合機器人與人類的優勢時，或說當科技與人性能夠相輔相成時，成果也許會十分驚人。〔譯注：本書的英文書名是《The Heart and the Chip》，直譯為《人心與晶芯（晶片）》。作者在內文的敘述中，往往以 Heart 代表人類、人心、人性等多種意義，而以 Chip 代表晶片、機器人、科技、機器。中文版一律將 Heart 譯為人性，Chip 譯為科技，以便讀者能夠很直覺流暢的閱讀這本書。〕

數年前，研究人員進行了一項實驗，讓訓練有素的人類和客製化智慧機器，分別研究淋巴結細胞影像，以判定哪些細胞是癌細胞，哪些不是。智慧機器的錯誤率是 7.5%，人類的錯誤率為 3.5%。所以，人類依舊打敗了智慧機器。但更令人興奮的是：當人類與智慧機器合作時，在智慧機器的輔助下，錯誤率可降低到 0.5%，這意味著診斷準確度提高了 80%。試想未來每一位醫療專業人員都能使用這類解決方案，即使在偏鄉小診所工作的醫護人員也不例外。再認真的醫師也不可能有足夠的時間，逐一研讀各項新研究和臨床試驗，但若他們能搭配這些智慧系統來診斷，將能為病人提供最先進的診療方案。

類似的機器人和 AI 技術進展，幾乎可以應用於所有專業領域。我的目標是幫助各位瞭解人類與智慧機器之間的根本差異，並幫助您理解我們如何及為何與機器人密切合作——我們的目的就是結合科技與人性的優勢，來為人類服務，為全人類打造更美好且令人期待的未來。

聚焦於三項科技

我將在本書中，聚焦於三項彼此息息相關的科技。第一項是機器人學（robotics），也就是機器人技術，主要透過賦予運算系統實際可移動的主體，使它能在實體世界中移動和操作，例如，想像你的智慧型手機裝上輪子、翅膀、甚至是一隻機器手臂。

第二項科技是 AI，它能賦予機器在非常特定專門的領域裡，進行推理和決策的能力。例如下棋就是所謂「狹義 AI」（narrow AI，又稱為弱 AI）的一例，狹義 AI 也是目前主導全球的 AI 形式。至於電影中那種能引導強大機器人的「通用 AI」（general AI，又稱為強 AI），目前仍只是一個模糊且遙遠的可能性罷了。換言之，棋藝媲美大師級棋手的任務式（task-oriented）AI 系統，無法駕車穿越十字路口，也幫不了機器人挑選檯面上的咖啡杯。

第三項科技是機器學習（machine learning），這項科技貫穿了機器人學和 AI，主要用於分析大數據，找出模式，根據一定程度的可信度，進行預測或得出結論。這正是為何機器學習系統的程式能夠掃描全球數百萬張樹木的影像，然後辨識出它從未見過

的樹木。用前述的淋巴結細胞影像判讀為例，機器學習系統負責辨識影像的模式，並與先前淋巴結癌細胞影像的模式比對。模式相符並不代表病人罹癌，但能夠促使醫師更深入檢視掃描結果，減少誤診機率。

機器學習和 AI 常遭混淆。AI 已然成為商業和市場行銷的流行語彙，但你可以將機器學習視為模式辨識系統，負責支援 AI，幫助 AI 系統執行更高階的決策和推論。不過，兩者共同的缺陷在於它們無法真正理解癌症或樹木的實質意義。

本書將幫助您建立對上述科技領域的基本理解，並概述機器人的能力與限制、應用時的宜與不宜；以及隨著社會與智慧機器的發展日益緊密，我們該如何行動，才能確保這些科技對人類產生正面影響。希望藉由本書，能讓您更深入瞭解這些科技的實際運作原理，以及它們將如何改善人類生活。

最後，我也期望本書能啟發您展開自己的夢想，想像人性與科技結合的未來願景，並思索什麼樣的機器人和智慧系統能造福您及全體人類。

協助人類超越生理限制

我兒時最愛的一則故事，就是伊卡洛斯的神話。這位偉大的發明家設計出一雙翅膀，克服將我們束縛於地球的永恆重力，而翱翔天際。伊卡洛斯的方法也非常巧妙，用蠟製作翅膀；雖然我不喜歡最後翅膀融化的結局，但故事其餘部分都非常鼓舞人心。

年幼時，我便開始想像人類如何能超越生理限制，做到身體無法做到的事。後來，我渴望像蜘蛛人一樣攀爬大樓，像鋼鐵人一樣飛行，像《X戰警》的魔形女一樣變形，像《驚奇四超人》的隱形女一樣隱形，或擁有超人般的力量。這些超能力似乎總是存在於故事書中，我們渴望擁有、但無法實現。

然而現在，機器人和運算技術也許會讓我們更接近這些超凡能力，機器人能獨立移動並完成任務，為我們節省時間。我們能運用機器人，來增強自身的感知、觸及範圍、精確度、力量、以及處理和回應大數據的能力。機器人還能賦予我們過去看似不可能的全新能力。這些能力看似神奇，但都是來自數學模型、演算法、精巧設計、新材料和電機元件的創新應用。

機器人確實能賦予我們超能力。

讓我們從這裡開始吧。

第一部

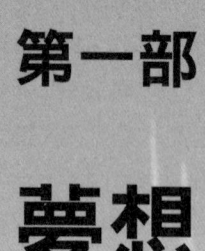

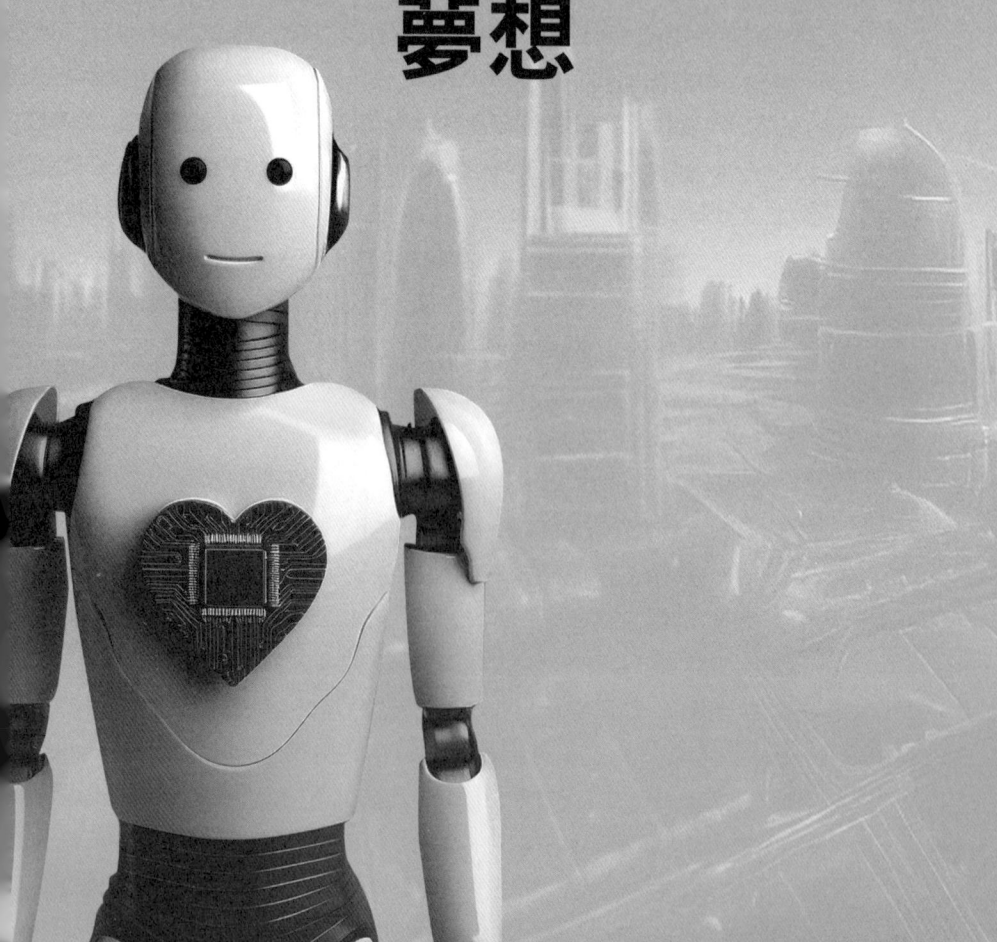

夢想

第 1 章

心有餘，力也足

不久前，我在五角大廈結束一整天的漫長會議後（除了其他工作外，我還為政府高層提供 AI、機器學習和機器人技術等相關建議與教育訓練），兒時想擁有機器腿和機器球鞋的幻想，再度浮現。

雖然我很欣賞線上會議的高效率，但是我更偏愛面對面的互動，因此我一直期待著這一天。我與同僚當天排定了十二場與不同官員的會議，而五角大廈是世上最大的低層數辦公大樓，內部走廊長達二十八公里。美國國防部堅稱，八分鐘內可從建物一端走到最遠的另一端，他們想必是用腳程超快的人來進行測試。

我們這天的會議分散在這座龐大建物的各處，我和同事幾乎得小跑步趕場，才能按時完成行程。我們當天最後一場會議是與最重要的聯絡人開會，原定十五分鐘的會議最後花了四十五分鐘才結束。而我們預訂了當天最後一班飛往波士頓的航班，還剩一個多小時就要起飛；機場接送的優步（Uber）則在遙遠的停車場等著我們，遠在建物的另一端，而且我們還得去另一間會議室拿行李。於是，我們開始奔跑。

我的同事體能狀態極佳，他健步如飛；至於我呢，儘管每週會悠閒的跑個五公里來維持健康，但這次幾乎等同在全速衝刺，而我當時還穿著高跟鞋。通常我穿了高跟鞋仍是行動自如的（這點稍後會提及），但當時的我肩上已經掛了兩個背包，同時還趕著去拿第三個更重的行李箱，而且那個行李箱還沒有輪子（如果它有輪子，我也許會加上馬達、感測器和一些運算元件，把它改造成能隨我行動的高速自動行李箱）。當我們在五角大廈的走廊

上飛奔時，我開始想像各種機器人解決方案，來應付我的困境。

首先要改造的是高跟鞋。如果我使用能像彈簧一樣壓縮和儲存能量的彈性材料或吸震材料，我或許可以將鞋子切換為「活動模式」，啟動壓縮的鞋跟，使其擴展並釋放儲存的能量，讓我每一步都能有效的彈跳離地。我不認為這雙鞋能產生足夠的動力，讓我灌籃或跳過走廊裡其他人，而且這樣的方式在五角大廈裡也不合適；但此種設計有助於增加步距，讓我更容易跟上我那身材高大且體能絕佳的同事。

然而，我真正需要的裝置既要能幫我拿行李，又要讓我能在不耗盡體力的情況下，跑完大段距離。我需要一個軟式、可穿戴的全身式機器人，能穿在我的衣服裡，或甚至可兼作套裝。若我能穿上這樣的機器套裝，就能輕鬆跟著同事一塊衝刺，不費吹灰之力，趕上我們的機場接送服務。但現實情況是，我們雖然及時趕到機場，並成功登上了客機，但我卻已筋疲力盡。

穿戴式機器人

我那天所想像的機器人，稱為外骨骼機器人（exoskeleton）。此種穿戴式機器人（你沒看錯，你可以穿戴機器人設備，像穿脫外套一樣）配備了機動關節，能增強或提升使用者的力量。雖然外骨骼機器人常被描繪成作戰機器，但其實更令人期待的是日常應用的潛力。我認為，穿戴式機器人有助於增強一般人的肌力和耐力，而且在生活諸多領域都能夠發揮作用。它們當然可以幫助

士兵搬運重物，但也能用於協助年老體弱人士，重拾力氣和身體機能。

外骨骼機器人可能由電動馬達、氣動系統、液壓系統或槓桿驅動，作用於四肢，為人提供增強的力量或耐力。人體由肌肉牽動骨骼來引起動作，但穿戴式機器人則是利用馬達分擔肌肉的部分工作。而究竟是什麼讓這些機器成為「機器人」呢？機器人本質上又是什麼？下列是我的定義：

機器人是可程式化的機械裝置，
從周圍環境取得資訊，再處理這些資訊，
然後據此採取實際行動。

我的好友、英國牛津大學醫學影像權威暨機器人學家布雷迪爵士（Sir Michael Brady）稱機器人技術為「感知與行動之間的智慧連結」。布雷迪爵士也很愛引用機器人暨 AI 專家格羅斯曼（David Grossman）的說法，將機器人稱為「意外生動的機器」。換句話說，機器人是能遵循並重複下列三步驟的機器：

1. 感測
2. 思考
3. 行動

也就是說：**(1)** 機器人必須能透過鏡頭、麥克風、壓力感測

器或其他感測裝置，蒐集外界相關資訊；(2) 接著，機器人要能處理蒐集到的資訊，制定計畫或回應方案；(3) 然後執行相應的行動。一個功能正常的機器人，必須滿足上述三項條件。

外骨骼機器人即便由人類操控，但仍然符合機器人的定義。此類穿戴式機器具有一定的智慧功能和自主性。外骨骼的框架包覆使用者全部或部分身體，由框架內的感測器來監控使用者的動作，然後由機器裝備的電腦決定如何協助使用者。

假設我穿了上半身用的外骨骼動力服，並試圖舉起啞鈴。當我開始使力舉起啞鈴時，外骨骼動力服的感測器會感受到我肌肉的張力，並將反饋傳遞給機器人的「大腦」，即外骨骼裝置內的電腦。電腦隨後會制定出可幫助我完成任務的最佳計畫，然後指示外骨骼手臂內的致動器或人工肌肉，施加所需的力量，也許是推或拉。接著，外骨骼要不為我舉起啞鈴，要不就是分擔部分重量，減輕我肌肉的負擔。我無需告訴機器人該做什麼，機器人會感應我的動作，推測我想做的事，然後制定計畫並執行動作。

這種「感測─思考─行動」的循環，是穿戴式機器裝置成為機器人的核心機制。

科幻小說先驅海萊因（Robert Heinlein）在他 1959 年的小說《星艦戰將》中，率先介紹了外骨骼機器人的概念，士兵們穿戴這些裝甲服來與外星人戰鬥。幾年後，超級英雄鋼鐵人首次在漫畫書中亮相。雖然穿戴式外骨骼在現實世界裡進展不大，但這一概念在科幻作品中不斷演變。電影中最具代表性的外骨骼裝置之一，就是雪歌妮・薇佛在《異形》中飾演的主角蕾普莉所穿著的

裝甲服。這套外骨骼裝置原本是為工業用途設計的，但她用它來對抗致命的怪物。

🤖 外骨骼動力服

外骨骼在科幻世界蓬勃發展，但現實世界的研究進展卻相對緩慢。現代首批外骨骼動力服的嘗試之一，是奇異公司（GE）於1960年代開發的「硬頂人」（Hardiman），設計初衷是幫助使用者舉起高達一千五百磅的重量，但由於表現未達預期，因此從未進行過人員操作測試。

隨後，機器人學家轉向研發更輕便、簡單且低調的外骨骼裝置。其中一例是日本公司賽博坦（Cyberdyne）。諷刺的是，該公司名稱取自電影《魔鬼終結者》中的虛構公司。他們推出了一款名為「混合輔助肢體」（Hybrid Assistive Limb，簡稱 HAL）的下肢外骨骼動力服，主要用於輔助使用者進行日常活動。

雖然像鋼鐵人般的動力服仍未實現，但過去數十年來，穿戴式機器人領域出現了許多令人鼓舞的發展。機器人學家開發了類似 HAL 的下肢外骨骼動力服；此外，還有各式各樣的上肢外骨骼動力服，可幫助工廠、營建業和製造業搬運重物。

部分外骨骼裝置現在已在復健和物理治療中發揮重要作用。例如，猶他大學的霍勒巴赫（John Hollerbach）建立了一所尖端實驗室，探索如何利用機器人系統幫助脊髓損傷或其他疾病的病人，重新學習行走。霍勒巴赫團隊使用吊帶將機器裝置與病人連

接,讓病人在機器人支架的幫助下,面對著環繞螢幕,在客製化跑步機上行走,讓他們置身於虛擬環境,感覺自己猶如走在森林中,而不是實驗室裡。

同樣的,在賓州大學醫學院強森(Michelle Johnson)的復健機器人實驗室中,研究人員正嘗試利用機器人加速中風病人的功能恢復。哈佛大學的沃許(Conor Walsh)目前在研發新一代軟性穿戴式機器人,希望能增強健康人士的活動能力,或幫助身障人士恢復行動能力。蘇黎世聯邦理工學院的霍特(Marco Hutter)團隊則開發了一款擁有驚人活動範圍的機器手臂,可用於幫助上肢受傷的病人。

上述只是同一發展趨勢中的幾例而已。我們在現實世界見證的情況,正好反映了電影《復仇者聯盟》中,羅德上校這個角色的故事發展。羅德最初穿著鋼鐵衣,以超級士兵的身分作戰,但後來他重傷而半身不遂,這項技術被重新利用,他穿上了輕便的下肢外骨骼動力服,讓他能再次行走。

復健用途的穿戴式機器人應當繼續做為優先要務,但我也期待外骨骼動力服能在更多日常的平凡情境中,有所作用。

家父雖然年事已高,但個性獨立。他八十四歲的那年5月,還在院子裡忙於栽種,並決定安裝防鹿柵欄,來保護他即將收成的作物。他有完善的計畫和所需材料,唯獨缺了自行安裝柵欄的力氣和耐力。於是,他打電話給我和我先生,請我們幫忙。我們自然非常樂意,還與我父母共度了一個愉快下午。

然而,我瞭解家父,如果有選擇,他會寧可自己動手完成這

項工作,但無奈身體無法配合。可是,如果這時他擁有一套軟性外骨骼動力服,就能獨自完成柵欄的安裝。這套裝置不會把他變成鋼鐵人或浩克,但會讓他重拾中年時期的力量和耐力。即便如此,我相信他依然會把我們叫去,很得意的展示他的成果!

讓動力服更柔軟輕便

就我個人而言,我希望能走得更遠、跑得更快,而且不容易感到疲累。我在工作中,經常思考一些尚未實現、但即將到來的應用。我期待外骨骼動力服最後能像衣服一樣:柔軟、靈活、美觀且不招搖,穿戴後不會太過引人注目。

這完全違背了好萊塢灌輸給我們的機器人形象:穿戴式機器人應該是笨重不靈活、堅固剛硬,活動起來就像人們跳機器舞一般。使用硬質材料確實能打造更強大的機器人,但這些裝甲更沉重,移動也需要更大功耗的馬達,消耗更多電力,這嚴重限制了它們的運行時間。然而這正是 2000 年代末,外骨骼機器人研究領域的情況,當時大家都在試圖實現科幻小說家描繪的願景。

後來,大家開始改變思路。假如我們不再打造一些龐大笨重的動力服,而是試圖開發像人類的肉體一樣柔韌且高效的穿戴式機器人呢?研究人員開始使用矽膠和導電纖維等軟性材料,讓動力服更柔軟、輕便、易於穿戴。金屬材料和機動關節由更類似肌肉的組件取代。雖然如此,這些穿戴式機器人依然是機器人。儘管硬度和材料上有所變化,但依然適用相同的「感測 — 思考 —

行動」循環。差別之處在於，驅動回饋循環的技術如今多半變得更彈性靈活。

我喜歡想像這樣的未來：我們的衣物能兼作柔軟的外骨骼動力服，監測我們的肌肉狀況和生命徵象，幫助增強我們的能力，提醒我們潛在的健康問題，預防危險的跌倒等等。例如，你的襯衫也許能變成穿戴式聽診器，監聽器官的聲音，並在問題發生前發出預警。我還希望這些穿戴式機器人又輕又薄，彷彿升級版的貼身衣物一般。此外，我還希望能像購買新外套或牛仔褲一樣，隨時走進商店就能買到。

我喜歡購物，所以就從這裡切入主題吧。

試想一間類似特斯拉（Tesla）展間的商店。你走進店裡，在銷售人員的幫助下，透過觸控螢幕或全像投影，探索各種外骨骼動力服產品。有些產品可能是讓你走得更遠或跑得更快的下肢軟性外骨骼動力服；另一些可能是上肢外骨骼動力服，能增強或強化手臂、背部或胸部的肌力與耐力，甚至協助你進行最愛的運動訓練。抑或是，你需要一款適合各種活動的外骨骼連身服，從雙腳一路延伸至大腿和軀幹，再到手臂；如果你需要增強握力，它甚至可以延伸至手套。

選定型號後，你將進入全身掃描儀，只要短短幾分鐘，就能精確測量你的尺寸。量好尺寸後，資料將傳送到製造廠，你的客製外骨骼動力服將由運算纖維製成，這些複合布料具有導電性，能偵測溫度、應變（推力或拉力）、聲音，甚至特定生物分子的存在；它們能發送、接收和儲存資訊；或是你當天突然覺得另一

種顏色更符合心情，想換成紅襯衫時，還能變換顏色。〔附記：美國先進功能織物協會（AFFOA）正嘗試推動這些技術商業化，重振紡織產業。〕

　　目前已開發出類似特性的纖維材料，而我所描述的增強版材料將會與感測器、人工肌肉和運算元件整合，讓衣物能隨著你的動作，做出微小但重要的決策。所有這些組件都將由軟性材料製成，所以你不會像機器戰警那樣踩步行走，也不會像鋼鐵人穿著原型戰衣時鏗鏘作響。雖然你的新機器人服不會立即準備好，但也無需等上數週、甚至數月。二十四小時至四十八小時內，你就能來取走你的新襯衣。

　　這樣的訂製服過程，將會是二十一世紀就能實現的體驗。

　　最初，你訂製的新動力服會相對被動，透過遍布於衣物各處的感測器，蒐集你的體溫、肌肉與骨骼位置、整體動作和其他互動數據。隨後，機器學習系統會分析這些數據中的模式，歸納出你的身體動作模型。中央智慧系統也可能會從多名使用者身上蒐集數據，數據愈多，愈能產生更好的模型，但你依然擁有對自己數據和動作模型的控制權。這些資料會儲存在具有「差分隱私」（differential privacy）保護的資料庫中。隨著系統愈來愈瞭解你的行為和健康情況，動力服也會變得更為主動。

　　〔附記：差分隱私是一種從數學上保護個人資料隱私的嚴謹方法。基本上，它允許中央智慧系統分析並找出大型資料集的模式，但不會揭露是否納入或排除了特定的個人資訊。在此情況下，系統可能會蒐集並檢視大量人口的動作數據，但無法得知或判定你的動作數據是否包含其中。差分

隱私讓我們能利用大型資料集的優勢,同時不侵犯個人隱私。詳見 https://privacytools.seas.harvard.edu/differential-privacy〕

這件動力服可以扮演守護者的角色。試想汽車的防鎖死煞車系統,它能監控輪胎與路面的打滑情況。這件動力服也能執行類似功能,利用習得的模型和感測器擷取的身體數據,在你即將跌倒時或動作出現異常時,自動幫你調整動作。

此外,新動力服還能監測氣喘者的呼吸狀況,當它察覺到發作徵兆時,便觸發警報。穿戴式機器人還能追蹤你的肌肉活動,防止可能導致背部拉傷的危險動作,或自動提供支撐。動力服透過內建柔韌但強健的人工肌肉,將能減輕你的負擔,幫忙分擔繁重工作。

像小威廉絲一樣擊球

說到這裡,那我想要的正手拍呢?

我熱愛打網球,但隨著工作愈加繁忙,我發現自己練習的時間愈來愈少,球技也退步了。即便如此,我依然非常享受這項運動,而且有機會的話,我也希望能達到更高水準。雖然我只是個電腦科學家,但依然非常好勝。我希望自己的每一次擊球都能精準到位!一件動力運動衫,甚至是一套動力連身服,都可以充當我的運動助理或教練。

不過,首先我們得招募一名高水準的球員,在佩戴機器裝置的情況下,進行大量的擊球練習──就我個人而言,我希望能像

小威廉絲一樣擊球。我們還需要視覺系統，追蹤來球的飛行和旋轉軌跡，以及球員揮拍擊球的方式。視覺系統可以安裝在使用者身上，也能裝在球場的其他平臺上。當視覺系統追蹤網球的飛行軌跡和衝擊力時，穿戴式機器動力服會監控並記錄球員的動作。有了足夠的擊球數據後，我們便可以建立模型，描繪如何正確擺放雙腿、揮臂、轉動手腕、調整球拍角度等動作，以完成理想的精準回擊。我們將會擁有一個關於小威廉絲正手拍、豐富且詳盡的動作模型。

　　模型建立好之後，就能將它輸入到穿戴式機器動力服，幫助非專業選手進行訓練。我能想像，在我的練習過程中，這個軟性穿戴式機器人會默默引導我做出正確動作，它不會完全控制我的揮拍，而是利用微小靈活的人工肌肉，輕輕抬高我的手臂、微調我的手腕，或稍微改變我的揮拍方向或角度。我仍然需要練習，但這些訓練課程讓我能更高效的獲得成效，因為我每一次擊球都有史上最偉大的網球選手為我提供指導。最後，我將能再次精準擊球，重新找回對網球運動的熱愛，並徹底擊敗那些現在比我揮擊得更快更準的學生們。

幫助我們節省體力

　　機器人動力服並不會賦予我們超人般的力量，我們不會因此變成浩克。事實上，雖然我前面討論的多數內容都是關於人類力量不足的情況，但有時候，我們其實是太有力，用力過多。穿戴

式機器人能精準調節或減弱我們的力量,特別是在處理精緻或易碎的物品時。

更全面來說,智慧機器能以別出心裁的方式,增強我們現有的能力,並應用於各種情境。例如,讓我們回顧一下我在五角大廈行程緊湊的那一日結尾,並在故事場景中,加上一套穿戴式機器動力服。

這套外骨骼動力服隱藏在我平常的商務套裝之下。我可以選一套長及腳踝的設計,但不需要手套。倘若穿戴式機器人會讓人在會議中大汗淋漓的話,未免太不實用,因此動力服會內建溫度感測器和自動開闔的微孔,讓動力服在高溫環境中保持透氣。當我需要奔跑去搭車趕往機場時,我能透過動力服上的介面或手機啟動機器;甚至更好的是,一旦我開始小跑步,動力服便會自動有所反應。

通常,當我們跑步時,大腦和神經系統會協調肌肉纖維的收縮和舒張,進而拉動或釋放內骨骼(endoskeleton)的結構要件,也就是骨頭。機器人外骨骼不會完全接管這項工作,而是透過熟悉的「感測—思考—行動」回饋循環,分擔部分工作,幫助我們節省體力。

哈佛大學的伍德(Rob Wood)是我的好友兼合作夥伴,他開發了一種輕薄柔韌的應變感測器,可處理回饋循環的第一部分。這些感測器只比一張活頁紙稍厚一些而已,當被施加任何一點壓力時,作用力就會轉換為電阻變化。若我們將數百個這樣的感測器置入整件機器人動力服,而所有感測器都不斷傳送測量結果到

中央電腦，也就是我新襯衣的「大腦」，這個人工大腦便能建立起整套動力服的壓力圖，並進行監控。「大腦」會將輸入的一連串資料，與我先前建立的跑步訓練模型進行比較，進而得出我正開始跑步的結論。智慧動力服的決策引擎將判斷如何回應，並決定是否提供協助。

不過，讓我們先假設當我開始小跑步時，動力服感應到變化並採取行動。當我慢跑時，成束的微小肌肉纖維會不斷收縮和舒張，帶動我內骨骼的骨頭。在我感到疲憊之前，動力服會啟動成束的人工肌肉纖維，與我的動作協同運作，像真正的肌肉纖維一樣舒張或收縮，以減輕我身體的負擔，讓我趕到停車場時，心跳僅略微升高，而且不太疲勞。當初若有這樣一件動力服的話，我們在五角大廈內奔跑時，同事或許會對我刮目相看。

新型人工肌肉

為了實現此一目標，我們必須開發與前述感測器一樣纖薄、柔軟且節能的人工肌肉。這個構想在 1990 年代和 2000 年代初，曾像鋼鐵人戰衣般異想天開。然而，既然我們只需開發能輔助原生肌肉的人工肌肉，並不是要完全取代它，一切似乎不再遙不可及。如果我們想要舉起一輛車，就需要不同的設計方案；但若只是幫忙提行李走一段路，這是可行的。

針對這類新型纖薄人工肌肉，其中一個大有可為的設計方案是運用摺紙技術。日本的摺紙藝術涉及豐富的數學原理，也廣

泛應用於機器人技術領域。我們受摺紙藝術啟發的流體人工肌肉（fluidic origami-inspired artificial muscles，簡稱 FOAM），外層由柔軟的矽膠皮組成，包覆著一種能像手風琴般壓縮和膨脹的材料，這就是以摺紙為靈感的元素。空氣注入矽膠外皮時，類似於手風琴的肌肉纖維及其內部骨骼就會膨脹；空氣排出時，外皮和骨骼會收縮到原長度的 10% 以下。整體看來，此類人工肌肉的強度重量比最高可達一千倍。因此，它們足夠輕薄，適合與紡織布料結合使用，且強度也足以幫助人類移動身體。

早期外骨骼動力服的一大問題是感測器和馬達太重，沒有電池能長時間維持續航，因此，穿戴式機器人必須插電。但以現代的外骨骼動力服來說，軟性動力服的感測器和致動器的重量與功耗將變得微不足道。這也是為何我預期這些動力服不會比日常衣物還重。

甚至連電池都可以輕量化。此外，還能內建能源蒐集裝置，汲取並儲存你走路或騎車時，由動力轉化產生的電力。我們還可以加上一層薄如紙的太陽能電池。目前，太陽能電池的功率密度尚不足以支撐動力服的用電，但在未來幾年，它們無疑會有所改進。畢竟過去電腦體積占滿整個房間，但現在光是我們隨身攜帶的智慧型手機，就比那些龐大設備擁有更強的算力。相信我們終究會找到為動力服供電的高效方法。

軟性穿戴式機器人的構想看似天馬行空，但其實這種機器人的諸多關鍵元件現今已經存在。可惜的是，我們的技術尚未發展成熟，無法立即進行部署。例如，薄型感測器和流體人工肌肉致

動器目前仍處於原型階段,需要進一步產品化。

我們已經能製造電子紡織品,但電力供應方面仍需改進。此外,我們還需要開發先進的加密技術及其他安全措施,嵌入動力服中,以防止惡意攻擊者入侵這些設備。這些問題都是可以解決的。儘管開發增強力量的動力服需要投入大量研發心力和資金,但動力服在各領域具有廣泛的應用潛力和重大影響,相信這些投資都是值得的。

外骨骼機器人用途廣泛

軟性外骨骼機器人不僅可幫助我們輕鬆快跑趕車,相關的各種變體還能應用在營建、農業、運動和其他需要力量或耐力的領域。美國政府機構資助外骨骼研究,目的不是為了打造鋼鐵人戰衣,而是為了減輕士兵攜帶重裝備的負擔,或協助航空母艦甲板與軍事基地的設備搬運。

動力服也能減輕各行各業工人的肌肉和骨骼壓力,減低重複性的壓力傷害及相關長期病症的風險。波士頓新創的維爾夫公司(Verve)為倉庫工人部署了軟性穿戴式外骨骼機器人,讓二十磅重的箱子感覺只有十磅重。建築業同樣需要外骨骼機器人來輔助搬運、蹲伏和進行重複性的高處作業,例如將電鑽高舉過肩來鑽孔的這類極度費力的工作。外骨骼機器人能讓這些繁重工作變得更輕鬆,而工人由於疲勞程度降低,工作也會更有效率。

其實,我們已經目睹工業協作機器人(industrial cobot)的影響

了，這類機器人主要是為了與人類協作而設計，希望能增強工作人員的力量和能力。不過，目前這個概念尚未在工廠以外的領域獲得發展應用。

我曾親身研究過軟性外骨骼機器人對工廠作業的潛在影響。有一次，我和學生在參觀製造廠的過程中，觀察到產線工人在拋光和打磨各種飛機零件。所有精密成型的零件都需要打磨光滑。這類工作對於自主機器人（autonomous robot）來說還太難，因為工作內容涉及細膩的操作和複雜的判斷與決策，自主機器人無法輕易做到，需要由人類來完成。但從事這項工作，對技術人員來說也非常吃力，當打磨工具壓在零組件上時，手臂和手部必須承受持續的震動，可能會導致職業傷害。若有軟性機器人手套，就能適時吸收機具的震動，並對打磨工具施加必要的壓力，減輕人員的負擔，也許有助於延長他們的職業生涯。

此外，外骨骼裝置也許還有助於促進職場的公平，讓身體能力受到限制的人，也能從事他們原本無法勝任的工作。

有助於增強力量的動力服，在工廠或倉庫之外的場域還有許多潛在的使用情境。例如，智慧背包也許能幫助中學生和高中生減輕攜帶筆電和課本的重量，進而降低早期背痛或受傷的風險；我父親或許不僅能自行建造圍籬，還能從事其他費力的活動，像是穿上可減輕行走困難的動力服之後，我父母或許甚至能重回過去那樣愉快的登山健行之旅，像當年帶著我一樣，邊走邊聊天。肌肉和骨骼因老化所帶來的限制將被克服，老年人也能重新感受年輕的活力。

就技術面而言，我們仍有許多研發工作要做，但這些機器人正是完美範例，說明了若我們能融合科技與人性，而非將兩者視為對立，未來將有多麼巨大的潛力。我們若能運用人類獨特的創造力和解決問題的才能，負責任的將機器人技術推往新方向，將能突破現有的技術界限，實現令人驚嘆的創新，甚至探索未知的領域。

第 2 章

超越感官極限

多年前，我在一場麥克阿瑟基金會的會士會議上，認識了生物學家佩恩（Roger Payne）。佩恩於 2023 年去世，他最為人知的成就是發現座頭鯨會唱歌，而且某些鯨的聲音可以傳遍整個海洋。我一直對鯨和海底世界相當著迷，也很熱中於水肺潛水和浮潛。因此，毫無意外，我非常享受佩恩的演講；孰不知，他也很喜愛我關於機器人的演說。

　　「我能幫你什麼忙？」我問他：「幫你造個機器人嗎？」

　　佩恩回道，機器人當然不錯，但他真正想要的，是能附著在鯨身上的座艙，如此一來，他就能和這些美妙的生物一同潛入海底，親身體驗成為牠們其中一員的感受。我提出更簡單的方案，於是，佩恩和我開始探索如何運用機器人來幫助他進行海洋生物研究。

「獵鷹」無人機

　　我們初次見面時，佩恩已從事鯨的行為研究數十年了。他的其中一項計畫，是針對一大群南露脊鯨進行長期行為研究。這些雄偉的哺乳動物身長十五公尺，嘴部呈拱狀且長，頭部布滿了增生的硬繭。

　　佩恩在阿根廷瓦爾德斯半島海岸邊，建立了一所實驗室，那個地方位於號稱「咆哮四十度」的中緯度西風帶，氣候寒冷、多風，不宜人居。但南露脊鯨非常喜愛此處，每年 8 月，牠們會聚集在這片海岸附近，進行繁殖和交配。2009 年，佩恩邀請我去

他的實驗室一趟,如此千載難逢的機會,我當然不會拒絕。

那時,佩恩前去瓦爾德斯半島做研究,已經四十多年了。每一季,他都會帶著紙筆與雙筒望遠鏡,坐在懸崖頂,記錄他那些水生朋友的行蹤。佩恩辨識鯨的能力令人讚嘆,他能透過每隻鯨頭上的硬繭來認出牠們,每隻鯨的硬繭形態和分布都是獨一無二的。佩恩監測牠們的行為,但主要目標是針對此群體進行全球第一次的長期普查。佩恩希望能量化這些宏偉生物的壽命,據說牠們可以活一世紀之久。

我與幾名學生加入了佩恩的行列,觀看南露脊鯨游過,但我們無法從遙遠的距離分辨牠們的差異。你得要有佩恩那樣淵博的知識和分辨鯨的超能力,才能辨識出那些獨特的細節。不過,我的團隊另外有妙招。

佩恩和我開始籌劃這次旅程時,我們討論了使用無人機空拍觀察南露脊鯨的可能性。我正好有兩名剛拿到學位的學生,十分渴望參與這場冒險,而且他們擁有一臺機器,小幅調整過後,非常適合這項任務。我們歷經多次討論、重新設計和規劃,最後帶上了「獵鷹」(Falcon),這是第一款可在推進器之間懸掛攝影機的八軸無人機。如今,這款無人機隨處可購得,但在 2009 年,這臺機器堪稱一項重大突破。

「獵鷹」在阿根廷表現出色。南露脊鯨喜歡待在靠近海岸的淺水區,因此,佩恩和他的研究人員可以從高聳的懸崖上,用雙筒望遠鏡觀察牠們。懸崖頂的視角比起與這些巨大生物一起在水中更好,因為潛水員的出現會改變鯨的行為。另一方面,直升機

和飛機飛得太高，拍攝的影像解析度太低。

懸崖唯一的問題，就在於它是空間受限的，南露脊鯨最終會游走，遠離人的視線觀測範圍。

「獵鷹」突破了這些限制，提供了近距離的影像。這架無人機可以飛行二十分鐘到三十分鐘，具備自主飛行功能，但是我們決定仍由人員操控。佩恩立刻深深著迷於他的新「研究助理」，「獵鷹」讓他和團隊能夠清楚觀察幾英里外的南露脊鯨，而且不會影響這些生物的行為。他們透過這臺機器，實際將視野延伸至海洋遠處，超越了人類感官的極限。

我們的主要限制是電池的續航時間，無人機最終會因電量不足而必須返航。然而，即使當時的無人機飛行範圍無法與現今的空拍機相比，它所帶來的影響已然巨大。科學家不再需要沿著懸崖奔跑來追蹤他們的研究對象，也不必驚動這些龐然大物。他們可以很舒適、安全的坐在一處，利用無人機來觀察心愛的鯨。

將視野擴及未知之地

這項計畫的成功，也促成了後來我們將無人機借給紀錄片製片人席琳‧庫斯托（Celine Cousteau），她是著名海洋科學家雅克‧庫斯托（Jacques Cousteau）的孫女。席琳當時正在研究亞馬遜地區與世隔絕的部落，並希望在不帶入外來病菌的情況下進行觀察，比如不將感冒病毒傳染給尚未產生免疫力的族人。無人機此時便派上用場，協助她將視野擴及未知的叢林。

時至今日，無人機的能力更加強大了，它們不必飛得很遠，也能產生重要影響。我的友人庫馬爾（Vijay Kumar）和西格瓦特（Roland Siegwart）一直致力於提升無人機的性能，使無人機更為敏捷。

2017 年的電影《蜘蛛人：返校日》中，這位超級英雄緊貼在華盛頓紀念碑的一側，派出了一臺微型飛行機器人來掃描建築物。這場景並不科幻，我們已開發了類似的技術，來幫助車輛看見轉角處的情況。我的實驗室設計了一款無人機，可以從自駕車上起飛，飛到車前和轉角處，掃描擁擠的地下停車場，並將影像回傳至汽車導航系統。這臺無人機能成為車輛的另一雙眼睛，超越汽車本身受限的視野。

美國航太總署（NASA）更進一步推動這項應用，利用「創新號」（Ingenuity）無人機，從「堅毅號」（Perseverance）探測器起飛，完成了火星上首次自主飛行。「創新號」拓展了「堅毅號」的視線範圍，它能在火星大氣稀薄的天空飛行，尋找理想的路線和有趣的探索地點。

這些機器人的共通點在於，它們將我們的感知擴展到了人類能力之外的範圍。雖然我舉的例子大多與視覺有關，但是其他感官亦可透過智慧機器來擴展。例如觸覺，裝有伸縮手臂的外骨骼裝置，可幫助工廠員工從高處貨架上拿取物品，如同《驚奇四超人》漫畫中的「驚奇先生」物理學家理查茲那樣。

我們也可以開發這項技術的家用版本，像是可和掃帚一起放在壁櫥的簡易伸縮機器手臂，當你需要拿取櫃深處的物品時，

便能用得上。這對於老人家來說格外有用，如此一來，年長者就能輕鬆拾取地上的物品，不必冒拉傷背部的風險，或考驗自己的平衡感。

機器手臂是相對常見的使用情境，但其他能力擴展裝置可能具有意想不到的形狀和形式。我曾見過一款令人驚喜的機器人，由「弗萊克斯解決方案」（FLX Solutions）這家新創公司開發，這臺智慧機器的設計相對簡單，名為弗萊克斯機器人（FLX Bot）。這款模組化的蛇形機器人，機身僅一英寸厚，因此能進入如牆後縫隙等狹窄空間。此外，它還配備了視覺系統和智慧功能，能自行選擇路徑。機器人的末端可裝上鏡頭，檢查難以觸及的區域，甚至可配備電鑽，為鋪設電線進行打孔。

某種程度上，弗萊克斯機器人只是標準建築工具更具未來感的版本，將智慧功能融入了錘子和電鑽中，做為人類手作能力的延伸。雖然它不像電影中那些炫目的機器人，卻是極具實用功能的範例，展示了科技如何服務於人類的實際需求。

以全新方式體驗遠方

弗萊克斯機器人及其他類似的機器人，如今已投入使用，但我更愛發揮自己的想像力，設想機器人如何以新穎或意料之外的方式擴展我們的能力。現在，我們已經能將視野延伸至轉角之外的範圍，甚至能垂直俯瞰懸崖邊。但如果我們能將所有感官都延伸到過去無法觸及之處呢？若我們能將視覺、聽覺、觸覺、甚至

嗅覺送到遠端,以更真切的方式進行體驗呢?如此一來,我們就能「造訪」遙遠的城市、星球,甚至潛入動物群落中,瞭解牠們的社會結構和行為。

這聽起來可能很奇怪,容我舉幾個例子解釋。

我熱愛旅行,喜歡體驗外國城市或自然景觀的美景、聲音和氣息。可以的話,我會每週去一趟巴黎,但這在現實上或經濟上並不可行。若我每週漂洋過海,只為了漫步香榭麗舍大道或杜樂麗花園,或只為了享受巴黎烘焙坊的飄香,也相當不利於環境保護。當然,如果能親自前往旅遊最好,但我們也可利用機器人來模擬世界知名城市的漫遊體驗。與其戴著虛擬實境頭戴裝置、沉浸於數位世界,不如使用這類裝置或類似技術,遙控位於現實世界的機器人,以全新方式體驗遠方的異地。

試想一下,如同共享電動滑板車或共享單車一樣的行動機器人遍布整座城市。在波士頓某個沉悶日子裡,我坐在家中,打開頭戴式裝置,租用其中一臺機器人,遠端操控它漫步我所選擇的巴黎街區。機器人將配備攝影機提供視覺回饋,並裝有高清雙向麥克風來捕捉聲音。

不過,想要讓機器人具備嗅覺功能,甚至品嘗當地食物,再回傳這些感官體驗,實際上有相當大的難度。人類的嗅覺系統包含了四百種不同的嗅覺受器,一種氣味可能含有數百種化學成分,當氣味通過鼻腔時,會啟動約 10% 的嗅覺受器。大腦會將這些資訊對應到儲存的氣味資料庫,進而辨識出新鮮出爐的可頌氣味。目前各研究團隊都在利用機器學習技術和石墨烯等先進材

料，試圖在人工系統中複製此過程。如果我們能利用這樣的技術來感知氣味或味道的化學成分，並在遠端的頭戴式裝置中重現，我們願意嗎？

但我不太確定巴黎的麵包店，是否真的願意讓由遠端操控的機器人咬一口可頌，或啜飲新鮮的濃縮咖啡，然後將這種體驗傳送到家中的我。也許我錯了，或許他們會認為生意就是生意，無論是面對面賣給站在店裡的顧客，或賣給戴著頭戴式裝置、身處兩千英里之外的人，都沒有兩樣。話說回來，也許我們該先跳過嗅覺，光是巴黎的美景和聲音，就已經足夠。

現代土耳其機器人

讓我們從休閒轉向實用。透過智慧機器人擴展人類感官範圍的概念，其實還有其他實際用途。我們在實驗室裡探索的一個構想是勞動工作用土耳其機器人（Mechanical Turk for Physical Work）。

土耳其機器人的概念可追溯至十八世紀末，當時一位極具創意的匈牙利人，發明了一臺看似能下西洋棋的機器，但其實這個新奇裝置內部隱藏了人類棋手，他偽裝成機器在下棋。

2005 年，亞馬遜推出了自己的土耳其機器人，這項服務讓企業能雇用遠端人員，執行電腦目前無法處理的任務。而我們的設想則是結合上述兩種想法：由人類從遠端（但不是祕密的）操作機器人，引導機器人完成它無法自行達成的任務，或執行對人類具有高風險或有礙健康的工作。

這項計畫的靈感,部分來自我有一次參觀冷鏈設施的經驗。該設施位於費城郊外,當時我穿上倉庫員工保暖用的所有防寒衣物。在主要倉庫內,室內溫度尚可忍受;但到了冷凍倉庫,溫度低於攝氏零下三十度時,我只勉強撐了十分鐘不到。幾小時後,歷經多趟車程和飛行後,我依然感覺寒冷徹骨,回家後還得泡熱水澡,才能讓體溫恢復正常。

　　人不該在如此極端的環境下工作。然而,倉庫環境畢竟有太多尺寸和形狀不同的物品緊密堆疊,機器人目前還無法自行處理所有必要工作,至少無法避免犯錯。

　　因此,我們在「勞動工作用土耳其機器人」計畫中,思索了一項問題:若我們利用並招募全球大量的遊戲玩家,以全新方式運用他們的技能呢?當機器人在冷凍室或倉儲設施中作業時,遠端操作員可隨時待命,等候機器人請求支援。機器人出錯、卡住或無法完成指派任務時,便會發出求援訊號。此時,遠端操作員會進入虛擬控制室,控制室會重現機器人當前的環境和困境。操作員可透過機器人的「眼睛」看到外界,等同於「溜進了」位於冷凍倉庫的機器人體內,但不必暴露於嚴寒的低溫之下。接著,操作員會憑直覺引導機器人,協助機器人完成指定的工作。

　　這些操作員並不需要是經驗豐富的玩家。〔附記:在米歇爾（Lincoln Michel）的科幻小說《人體偵察兵》中,某個角色的半退休母親並不是遊戲玩家,也能從事類似的工作,遠端操作收割機器人。〕為了測試我們的概念,我們開發了一套系統,讓人能透過機器人的視角,從遠端觀察世界,並完成相對簡單的任務。我們針對非專業

玩家進行測試，在實驗室中設置了一臺配備機器手臂的機器人，以及釘書機、電線和框架，目標是讓機器人用釘書機將電線固定到框架上。

我們使用了雙手靈巧的人形機器人「巴克斯特」（Baxter）和奧克魯斯公司的虛擬實境（Oculus VR）系統。然後，我們建立了一間中介的虛擬房間，將人類和機器人置於同一坐標系內（即共享的模擬空間）。因此，操作者可以從機器人的視角看到外界，並運用自己的身體動作，很自然的操控機器人。

我們在華盛頓特區的一場研討會展示了這套系統，許多與會者戴上頭戴式裝置，進入虛擬空間，並從五百英里外，憑直覺遠端操控位於波士頓的機器人。其中一位最著名的參與者是巴伊奇（Ruzena Bajcsy），我們愛稱她為「機器人之母」。其他多位學者也測試了這套系統，包括一些從未玩過電玩遊戲的人，大家都成功控制了實驗室中的機器人，並且完成任務。

深入陌生異境

遠端操作先進機器人來擴展人類工作能力的情境，並不局限於冷凍倉庫或令人不快、危險的環境。我的友人哈提卜（Oussama Khatib）是史丹佛大學機器人學先驅，開發了一款人形潛水機器人「海洋一號」（OceanOne），讓人能夠從遠端探索海底世界。

我得先說，沒什麼體驗比得上親自潛入海裡探索珊瑚礁，更令人愉悅，但下潛十公尺已經接近我的極限。海洋一號讓遠端的

第 2 章 超越感官極限

駕駛員能操控機器人下潛至一百公尺深，並透過操作機器人的雙臂和帶有三指的機器手，撿取和操縱任何它找到的有趣物品。駕駛員操作具有「力回饋」加強功能的控制器時，能感受到機器人抓握或拾取物品的力道。因此，駕駛員能夠很舒適的坐在船上，但視覺和觸覺都隨著機器人深入海底。哈提卜和他的學生曾使用海洋一號，從法王路易十四的沉船中，打撈出易碎的珍寶，這是機器人無法獨立完成的任務。

說到這類遠端操作和擴展人類能力的機器人，最著名、或許也最引人矚目的例子，莫過於美國航太總署過去數十年送往火星的機器人。我的博士生沃納（Marsette "Marty" Vona）協助航太總署開發了大部分軟體，讓地球上的人能輕鬆與數千萬英里外的機器人互動。這些機器人完美融合了人類智慧與科技，也是機器人和人類合作實現非凡成果的最佳典範。

機器人更適合在火星等惡劣環境中作業，人類則更擅長於複雜的決策。因此，我們將日益尖端的機器人送往火星，而像沃納這樣的科學家則負責開發更先進的軟體，幫助其他科學家透過機器人的眼睛、工具和感測器，觀察（甚至感受）遙遠的火星。

科學家隨後會分析蒐集到的數據，並做出關鍵的創意決策，決定機器人接下來應該探索的區域。機器人幾乎就像把科學家安置在火星上一樣，但它們並未取代真正的探險者，而是在為人類鋪路。

這些機器人的偵察工作，是為了實現人類登陸火星的任務。當我們的太空人準備登上火星時，將已經對火星擁有一定程度的

47

熟悉感和專業知識，這些若沒有先驅的探測車任務，就不可能實現。

　　機器人也能幫助我們將感知範圍，擴展到地球上其他的陌生環境。2007 年，德納堡（J. L. Deneubourg）帶領歐洲研究人員進行一項新穎的實驗，開發了能滲透並影響蟑螂群落的自主機器人。這些機器人本身相對簡單，能分辨光亮和黑暗環境的差異，並根據研究人員的指令，移動到亮處或暗處。這些微型機器人外型並不像蟑螂，但它們散發出蟑螂的氣味，原因是科學家將它們塗上了特定蟑螂群落的費洛蒙。換句話說，機器人會釋放出吸引同群蟑螂的氣味。

　　這項實驗的目的，是要更深入理解昆蟲的社會行為。一般來說，由於暗處較安全，不易受到掠食者或討厭的人類攻擊，蟑螂偏好聚集在黑暗的環境。然而，當研究人員指示沾滿費洛蒙的微型機器人聚集在亮處時，其他蟑螂也跟了過去。儘管亮處可能存在危險，但牠們還是選擇了跟群落待在一起。

　　我真心喜愛這項研究計畫，不僅因為它獨創又別具巧思，還有它也讓研究人員不再光是從遠距離觀察，而是透過機器人潛入並影響了這個小昆蟲群落，有效召喚這群蟑螂「走向光明」。

🤖 機器魚「蘇菲」

　　這些機器蟑螂讓我回想起多年前，與佩恩的第一次對話，還有他渴望與雄偉的鯨一起徜徉海底的夢想。我當時想不出如何製

作他夢寐以求的座艙，但佩恩對我們的無人機「獵鷹」已經非常滿意。儘管如此，我相信我們能做到更多。如果我們能打造一臺實現他座艙願景的機器人呢？如果我們能設計出一條機器魚，能像普通水中生物一樣，與海洋生物和哺乳動物一同優游呢？這將為我們提供一個觀察海底生物的絕佳窗口。

要潛入水中，追蹤並觀察水生生物群落的行為、游泳模式和牠們與棲地的互動，是非常困難的任務。固定的觀測站無法隨著魚群移動，人類在水下的停留時間有限，而遠端操作的無人水下載具通常仰賴螺旋槳或噴射推進系統，會在水中造成難以忽視的大量湍流。

我們想建造的機器人有別以往：一臺游泳像真魚的機器人。這項研究計畫歷時多年，我們必須研發新的人工肌肉、柔軟的外皮、新穎的操控方式、以及全新的動力系統。我潛水數十年，從未見過有螺旋槳的魚。我們的機器魚「蘇菲」（SoFi，英文發音如 Sophie）能像鯊魚一樣左右擺動尾巴游動，背鰭和身體兩側的雙鰭使它能平穩下潛、上升，並在水中移動。我們已經證明「蘇菲」能穿梭於其他水中生物之間，且不干擾牠們的行為。

「蘇菲」的大小與一般鯛魚相仿，已經在太平洋珊瑚礁群落周圍進行了多次美妙的巡遊，深度最深達十八公尺。人類潛水員當然可以潛得更深，但潛水員的存在會改變海洋生物的行為。然而少數科學家由遠端監控，並偶爾操縱「蘇菲」，不會造成這樣的干擾。透過部署一條或數條栩栩如生的機器魚，科學家將能追蹤、記錄、監測魚類和海洋哺乳動物的行為，甚至和這些海洋生

物互動，彷彿是牠們群落中的一員。

在那片巴塔哥尼亞的懸崖上，我們使用了「獵鷹」無人機，讓佩恩和他的研究夥伴得以將視線延伸至遠洋。如今，我們也希望「蘇菲」能帶給像佩恩這樣的生物學家機會，讓他們能將視覺感知帶到海洋深處，並從安全距離外進行探索。最終，我們希望也能把聽覺範圍延伸至海洋深處。

我與友人格魯伯（David Gruber）和幾位生物學家及 AI 研究人員啟動了一項計畫，試圖利用機器學習和機器人設備，記錄並解碼抹香鯨的語言。我們希望能發現抹香鯨發聲中常見的片段，最終目標是辨識出對應字母、音節、甚至概念的可能序列。

人類將聲音與文字對應，再建立文字與概念或事物的聯繫。所以，鯨是否也以類似方式交流呢？我們的目標就是找出答案。透過將聽覺延伸至海洋深處，並運用機器學習，也許有朝一日，我們甚至能與這些迷人的生物進行有意義的溝通。

拓展人類的感知範圍

獲得知識本身已經十分有價值，但佩恩認為，這種影響可能更加廣泛而深遠。佩恩發現鯨會歌唱和交流，他對鯨的智力的科學發現，意外促成了全球「拯救鯨」的保育運動。佩恩希望，我們對地球上其他物種的深入瞭解，也能帶來類似的影響，進而鼓勵大眾投入保育與保護這些複雜生命形式的活動。

正如佩恩經常強調的，人類的生存與地球上各種生命息息相關。地球之所以適宜人居，部分正因為生物多樣性，我們愈努力保護其他生命形式，就愈能確保地球在未來，能繼續成為健康且適合人類生存的家園。

上述所有案例，在在說明了我們能如何結合「人性」與「科技」來拓展人類的感知範圍，從輕鬆有趣到深微遠大，應用範圍廣泛，而這些只是眾多可能性的一小部分。

譬如，負責保護自然景觀的環保機構和政府機關，可以派遣無人機，自主監控濫墾濫伐的活動，避免人員涉險；遠端工作人員可透過機器人，在危險環境中作業，操控或移動核能設施內的危險物品；科學家可以窺探或傾聽地球上許多奇妙生物的祕密生活。

抑或，我們也能將機器人技術運用於休閒活動，找到遠端體驗法國巴黎、日本東京或摩洛哥丹吉爾的方法。可能性無窮無盡，也令人興奮不已。我們只需要努力、創意、策略——和最寶貴的資源。

不，不是資金。資金固然重要，但我們需要的是時間。

我們與機器人的光明未來

第 3 章

一寸光陰一寸金

羅馬哲學家塞內卡（Seneca）珍貴的書信中，有一封寫給保利努斯（Paulinus）的信提到：「我們的生命並非過於短暫，而是浪費了太多時間。」

我的日子總是飛快流逝，充滿各種繁忙的活動與交談。我常提醒學生，每過去的一天都是我們永遠失去的日子。我們無法確知自己還剩多少時日，但知道時間有限，無法再創造更多，因此我們必須珍惜當下，充分利用自己所擁有的時間。

善用自駕車的通勤時間

智慧型手機剛問世之初，我為了更深入瞭解自己如何度過一天，並尋找優化時間管理的方法，我推出「我的日記」（iDiary）計畫，旨在產生用戶日常活動的數位紀錄。當時，市面上能追蹤我們的行動、生命徵象及其他行為的應用程式還不多，資料集也相對有限。儘管如此，我們仍然設法發現了一些驚人資訊。

我們利用用戶的全球定位系統（GPS）資料，辨識他們造訪過的地點，並開發了將實體位置與相關活動建立關聯的方法；我就不在此贅述了。讓我感到著迷的是，這項計畫揭露了我的日常生活情況。例如，我每天平均花兩小時坐在車裡，穿梭交通壅塞的波士頓；我每天還花兩小時處理和過濾電子郵件，其中大部分不太急迫。

這些發現令人不安。我立刻開始認真思考機器人和 AI 如何有助於我更善用時間。我們可以從通勤開始著手。平日裡，我從

波士頓西郊的家，駕車前往位於劍橋的實驗室。波士頓的交通狀況有時非常糟糕，我經常堵塞在九十號州際公路上。我心想，何不讓車子自動駕駛呢？如此一來，我便能利用這段時間從事創意工作？

目前最先進的自駕車能在低速、低複雜度、相對可預測的環境中有效導航，但尖峰時段的交通就另當別論了。特斯拉的自動輔助駕駛功能（Autopilot）雖然已朝著正確方向邁進，減輕了駕駛人的部分壓力，但還不具備可讓駕駛人完全不必操控的能力，駕駛人依然需要注意路況，因為目前的軟體（即自駕車的大腦）還無法快速因應突發事件。要實現完全的自動駕駛，車輛的感測器需要更加精確感知周圍環境並辨識情況，車輛的控制系統也必須能迅速做出適當的反應。此外，汽車還需要在惡劣天氣和複雜路況下安全行駛，這又是一項巨大挑戰。

自駕車技術還有許多改進空間，但若我們聚焦於通勤問題，也許可以讓高速公路本身變得更智慧，從而減輕車輛的負擔。如果我們在交通繁忙的道路上，安裝感測器和智慧裝置，實現車輛與基礎設施之間（vehicle-to-infrastructure，簡稱 V2I）的連接，並導入車對車（V2V）通訊，高速公路和行駛高速公路的所有車輛將能共享資訊。如此一來，車輛在擁擠路段行駛時，不再只依賴自身的感測器和電子系統，還可以與周圍其他車輛、道路設施、甚至配有感測器的護欄進行溝通。這樣，汽車將能掌握超出自身感測器範圍的路況，進而有更多時間來因應減速或交通壅塞等情況，讓交通更加安全且高效運行。

目前來說，我們還有許多工作要完成，才能讓自駕車達到如此高度的自主，但這並非不可能。

假設我們克服了種種挑戰，成功實現了目標，也不代表我們會因此更快抵達目的地，但我們可以用不同方式利用在車上的時間。例如，既然我們無需再全神貫注於路況，也許能根據新功能來改變車子的內裝。

不妨將高速公路上的車輛，想像成一長列火車的每一節獨立車廂。一旦你上了高速公路，並切換到類似火車車廂的自動駕駛模式，車內空間就能自行重新配置。座椅可變換為船長椅，讓你有更多空間伸展雙腿；側窗可變成大型顯示螢幕。你的愛車可以成為行動辦公室，或是前往機場途中舉行午餐會議的私人座艙。如果你與人共乘，乘客可以面對面，一起聊天、喝個咖啡。若你獨自一人，可以與家人或同事進行視訊。你不必擔心一早會議遲到，你可以直接在車內開會。如果虛擬實境的技術能如一些科技巨頭所期望的那樣發展，車內甚至可以配備大型環繞螢幕或全像投影，讓你在商務導向的另類實境中舉行會議。

當車子接近交流道出口時，車內配置可再重新調整，切換回一般駕駛模式，由你親自駕駛，完成最後幾公里的路程。我再次強調，這並不會讓你更快抵達目的地，但自駕技術將能讓你拿回原本塞車走走停停浪費的一小時。我可以想像，許多人將可以把通勤時間轉化為富有創造力或生產力的時光。

我猜，塞內卡對此一定深表認同。

解放你的創造力

我們如何運用時間呢？根據美國勞工部勞動統計局（BLS）的資料，一般而言，美國人每天約三分之一的時間用於睡眠，三分之一用於工作，剩餘的時間則投入休閒、體育或健身等活動。平均每天約兩小時花在家務上，例如備餐和打掃房間（我們平均每天花 11 分鐘洗衣，14 分鐘進行家庭修繕）。休閒活動中，美國人平均每天花將近 3 小時看電視。遺憾的是，我們每天只花 38 分鐘參與社交活動。

在家中，我並不想親手倒垃圾或處理回收。如果垃圾桶能變成機器垃圾桶，自動把垃圾拿出去倒呢？我的冰箱經常藏著腐爛的水果和被遺忘的臭乳酪，使得有時打開冰箱門時，氣味令人不太舒服。我真希望能有一臺能感應並清理過期食物的智慧冰箱，還能傳訊息給我的車子（或直接告訴我）哪些用品需要補充。或者，我可以自動化管理和補充牛奶與奶油等必需品，只要在需要時啟動自動送貨車，就能將生活必需品直送到家。

技術上而言，這一切都是可行的——別誤會，我這些願望並非出於懶惰。我想要研發這些科技，並不是為了讓自己像皮克斯（Pixar）經典電影《瓦力》中的未來人類那樣，整日坐在移動的躺椅上無所事事。恰恰相反，我想推動人性與科技的偉大合作計畫，並不是為了讓人類少做點事，或退化成昏沉的空殼。反之，我們應該讓科技為人類的心智服務，使我們有更多時間運用其他才華，實現更多成就。

設計和建造機器人的一大樂趣在於，它讓你更加欣賞人類無與倫比的智慧與身體能力。以節能為例，我們比任何車輛都更有效率。我可以靠一顆蘋果或一塊巧克力撐過半天，而一具試圖複製我所有活動的機器人，可能會需要多次充電。我們可以拾取從未見過的物品，毫不費力，但是機器人需要先研究物品，制定計畫，然後經過多次嘗試，從錯誤中學習後，才能正確拿取像杯子這樣看似簡單的物品。若杯子裡還裝有咖啡或茶等液體，挑戰就會更加複雜而艱巨。

　　然而，人類卻能輕鬆完成這些任務。我們能以驚人的速度思考、推理，並適應新情況。既然人類如此富有創造力和解決問題的能力，我希望我們能卸下每日占據大半時間的重複性任務，讓我們能善用時間，更好的發揮才華。

虛擬研究助理

　　人是社會動物，我們從與他人的互動中受惠。假使我們每天 38 分鐘的社交時間能增加一倍、甚至兩倍呢？就我個人而言，我希望有更多時間與朋友一同散步，與親朋好友一起烹飪、閱讀（不只是閱讀學術研究報告）、欣賞歌劇、打網球、滑雪、在熱帶珊瑚礁潛水、體驗其他文化、參與藝術交流、構思新的創意等等。機器人可設計用來過濾掉日常生活裡枯燥重複的工作，讓我們能專注於更高階的工作和人際互動。我們能透過與智慧機器密切合作，騰出更多時間去追求真正有價值的人生經驗。

第 3 章　一寸光陰一寸金

　　在職場上，機器人可以發揮不同作用，但對我們都同樣重要且能省時。我曾建造過一臺智慧機器，幫我在混亂桌面和文件櫃中尋找文件。我和友人唐納（Bruce Donald）也曾討論過在桌面上添加微纖毛，將桌子本身變成機器人。根據我們的設想，纖毛擺動時，桌面就會像輸送帶一樣，將物品送往某個方向。聽來還是有點奇怪？沒關係，我還先不會讓你的桌子如此「活靈活現」。

　　辦公室裡還有許多節省時間的機會。我每天花費大量時間在過濾和處理電子郵件，但我寧願把這些繁瑣的彙整工作交給智慧程式。這個智慧程式不僅超越一般垃圾郵件過濾功能，還能讀取郵件內容，將郵件精確分類到更特定的資料夾，並為值得回覆的郵件草擬適宜的回應，讓我在檢閱後快速發送。

　　這樣的技術每天可為我省去 90 分鐘的文書工作，讓我有額外時間在實驗室與學生一起研究，更深入參與研發計畫，並設計新的機器人。（為了避免出錯，我依然掌握了每封回信的最終決定權，但我不必逐一閱讀每封郵件，這為我省去了大量時間。）

　　目前，虛擬研究助理已經可以自動辨識相關案件，幫助律師更迅速作業；GitHub 和 OpenAI 實驗室聯手推出了程式碼編寫小幫手（Copilot）服務，主要以 CodexAI 模型為基礎，能加速程式編寫。這個模型利用數十億筆公開的程式碼來訓練，運作方式類似於文字預測引擎。模型會根據學習到的程式碼模式，預測接下來應編寫的內容。開發人員因此能更快速完成簡單、重複的程式編寫工作，將更多時間投入更具創意的程式設計工作——而這也是 AI 難以與人類匹敵的部分。

單調乏味的工作可以交給智慧機器來處理，人類則負責高階的創意工作。

🤖 送藥無人機、自駕輪椅輪床

當然，這些是無實體的代理機器人，而非真正的機器人。此外，智慧機器還能在諸多方面為我們節省時間。例如，飛索公司（Zipline）的核心技術正是格外激勵人心的範例。飛索公司的系統利用機器人快速運送處方藥、血清和其他重要醫療用品，專為非洲偏鄉等偏遠地區的醫師提供支援。試想，一位醫師正在幫助一名婦女分娩，突然間發生意外，此名婦女需要特定藥物或輸血。若在過去，道路顛簸和鄰近設施不足，也許會阻礙救援物資及時送達。

但有了飛索公司的技術以後，醫師可透過電話，迅速訂購所需的重要物資。訂單送達飛索公司的配送中心後（通常是配備冷藏裝置和網路連線的露天帳篷），技術人員取出要求的物品，放入一架無人機貨艙。無人機大小約和十歲孩子相仿，然後技術人員將無人機機身放置於面向天空的坡道，安裝機翼，並使用智慧型手機上的 AI 相機應用程式，檢查機身，輸入目標位置後，將無人機發射升空。

發射坡道配備類似彈射器的裝置，機器人無需動用儲存的能量來達到飛行速度，這樣能夠節省電池能量。當技術人員等待或準備下一筆訂單時，無人機會飛越山脈和坑坑巴巴、難以通行的

道路,將包裹空投到目的地,而包裹則利用降落傘安全落下。最後,無人機返航,透過另一套節能且精簡的巧妙裝置而著陸——無人機會伸出一個掛鉤,而飛索公司設施的繩索裝置能有效抓住無人機。當無人機停止搖擺後,技術人員就會取回這架電子「鸛鳥」,為下一次飛行做準備。

我非常喜愛這項技術,不僅因為它設計簡單、匠心獨具。飛索公司的無人機完美展現了機器人與人類合作,能共同帶來多大的正面影響與益處。需要關鍵物資拯救生命的醫師,不必再被迫等待數小時,飛索公司的技術人員和機器人只需幾分鐘,就能將藥物快速送達。

僅憑技術人員的力量,無法如此迅速送達藥品;而無人機也無法自行打包、檢查機身,或爬上彈射裝置。人類與智慧機器的協同作業,不僅能加速工作流程,還能在重要時刻挽救生命。

整體而言,醫療領域有望受惠於省時的機器人技術。我與同事博納托(Paolo Bonato)進行了一項實驗,博納托同時也是波士頓斯波爾丁復健醫院「動作分析實驗室」的主任。我們的實驗重點在於探索自動駕駛的輪椅和輪床,對醫院運作的潛在影響。

現行的做法是由物理治療師前往病房接送病人,使用輪椅將他們帶到健身房進行治療,治療結束後再送回病房。整個過程中有一半的時間都花在移動病人上。這顯然是不當利用了這些訓練有素的專業人員的時間。

然而,這並非博納托最關切的議題。他更希望物理治療師能將這些額外的時間用在與病人的互動上,以加速病人的康復。如

果能讓自駕輪椅將病人帶到治療師那裡,雙方都將受益。病人能獲得更多的復健時間,而治療師則可以將更多精力投入到專業技能的運用中。機器人並不會取代物理治療師的工作,而是幫助這些專業人士消除日常中最低效的部分工作,讓他們有更多時間去發揮所長。

自駕輪床將可造福各類病人。當家母因病住院數月時,經常需要連人帶床、被推去進行專門的檢測,但我們常因為等待醫護人員過久而感到沮喪。何不讓輪床或輪椅充當「司機」呢?改裝作業其實很簡單,我們只需在病床的輪子上加裝幾個電動馬達,配上基本的感測器和電腦控制系統,輪床就能自行移動了。這種自駕輪床能像醫療人員的助手一樣,在準備妥當時,隨時將病人和輪床送至指定位置。醫院的環境十分繁忙,因此自駕輪床在行進過程中會遇到許多意外的障礙。我們撰寫程式時,可以設計讓病床以較慢的速度移動,並在遇到潛在障礙物或行人時,優先停下來,以避免碰撞。

夢寐以求的廚房機器人

結束一天的工作後,我在回家路上,常會想到各種機器人能為我節省時間的方式。先從甜點說起吧,如果有一臺冰淇淋自動配送機器人,能在夏夜繞行我的社區,讓我不用飯後再跑一趟超市,我會欣然接受。這臺車不需要像傳統卡車那麼大,只要一輛配備冷凍設備的高爾夫球車,能以慢速和可預測的方式,在不擁

擠的街道上行駛,並能依照指令停下,或在遇到障礙物與行人時自動停車。或許我們還能用智慧型手機召喚它,或者如果擔心孩子已經吃了太多零食,還能要求它安靜駛過家門口。

廚房是機器人和 AI 另一個令人期待的發展領域。我熱愛烹飪,這是我的愛好之一;每天在機器魚、自駕車、可通過消化道的微型外科機器人等專案之間切換,消耗大量腦力和體力,烹飪成了我紓解繁重工作壓力的絕佳方式。然而可惜的是,我很少有時間能夠好好準備一頓美味的餐點,或在缺少主要食材時,臨時去一趟超市。如果有無人機的話,就能根據顧客需求,快速將食物送到家中,或甚至像飛索公司使用降落傘空投食材。

或者,如果我在辦公室或回家途中選擇某一道菜,車子可以與我的冰箱和食品儲藏櫃通訊,確保家中備有所有必要食材。冰箱本身還可以配備條碼掃描器,掌握物品的放入時間、種類和位置。我們也可以在冰箱的架子上安裝感測器,追蹤物品的重量變化,冰箱就會得知你的柳橙汁或燕麥奶何時快用完。

假設我想做一頓義大利餐,但沒有了帕馬森乾酪,冰箱可以發送提醒,然後我的自駕車會計算繞路回家的路徑,讓我能順路去超市。車子會請求我的授權來繞道,我依然擁有控制權,這時我可以選擇不加帕馬森乾酪來做醬汁,或者乾脆偷懶點外賣。但如果我同意繞路,超市會在我抵達前,準備好我的訂單。取貨過程會非常快捷,我會帶著所需食材回到家,只會比平日回家晚個幾分鐘。或者,無人機也可以直接將食材送到我家。

一回到家,我會自己負責大部分的烹飪工作。首先,因為我

享受烹飪的過程;其次,因為像動畫《傑森一家》裡那樣的機器人管家蘿西,還不會太快出現在我們的廚房。即使只是切一塊蛋糕如此簡單的事,對機器人來說也是一大技術挑戰,更遑論準備一頓義大利餐了。切碎香菜或大蒜這種講究熟練、精細和靈巧的動作,需要遠比現今所有機器都更先進的機器人。

話雖如此,機器人還是能幫我蒐集和整理食材,如同烹飪節目中的備料程序一般,只不過這次不是由電視製作助理來負責,而是機器人。〔附記:我們曾在實驗室打造了會製作餅乾的烘焙機器人(Bakebot)原型。〕只要有食材清單,機器人就能取來食材、稱量並準備好,放置在流理臺上。如此一來,我到家後便能立即進入輕鬆、充滿創意的烹飪過程,準備一頓美味佳餚。

或許,我的烹飪助手還能與家用裝置連線,協調營造用餐氣氛。此外,機器人也許能根據我選定的食材或食譜名稱,判斷我即將煮一頓義大利餐,並在我開始準備時,指示智慧音響播放我最愛的帕華洛帝專輯。

🤖 會摺衣服的機器人

家庭生活中真正困擾我的是洗衣,這項避免不了的家務,耗費了一般人每週數小時的寶貴時間。機器人學界對此問題心知肚明,畢竟我們也是普通人。全球各地的學術研究團隊和新創公司多年來一直致力尋找創新解決方案。

2010 年,加州大學柏克萊分校的阿比爾(Pieter Abbeel)帶領

團隊開發了程式,讓受歡迎的人形研究機器人 PR2 能夠整理並摺疊一堆毛巾。最初的挑戰是讓機器人能從雜亂無章的毛巾堆中挑出一條,找到邊角,並辨別它是一條毛巾。研究人員為此開發了新的電腦視覺演算法,協助機器人完成這項任務,隨後機器人便能逐條在旁邊的桌子摺疊毛巾。

摺好一條毛巾大約需要 25 分鐘,所以要摺完一整堆毛巾,可能需要一整晚,但只要不用浪費我的時間,我並不介意。到了 2014 年,研究專案大有進展,機器人幾乎能自行完成整個洗衣過程中的大部分工作。但問題在於,機器人的造價過於昂貴。PR2 如今已經停產,因為它的造價遠高於一輛豪華的賓利汽車。我顯然負擔不起這樣的花費,即便可以,我也不確定自己是否真的那麼討厭摺衣服。

大約在同時期,加州一家新創公司「摺衣夥伴」(FoldiMate)也在開發一款目標相似的機器人。摺衣夥伴公司開發的原型機不同於人型機器人 PR2,其外型更像是洗衣機和辦公室影印機的結合。摺衣夥伴機器人仍需要人類處理一些較困難的部分:使用者必須將衣物夾在特定位置上,然後摺衣夥伴機器人將衣物拉進機器內部進行摺疊,最後將摺好的衣物整齊堆疊在底部。

這臺原型機的速度比前幾代快,但靈活性較差;相較之下,柏克萊的摺衣機器人 PR2 較能夠處理家庭中常見、隨意堆放的衣物。2021 年,摺衣夥伴公司宣布停止營業,但這主要是基於商業計畫的考量,而非技術可行性的問題。

儘管進展停滯,我認為這些計畫依然相當令人期待,這些研

究成果顯示出摺衣機器人在技術上是可行的,我們只需要找到更具成本效益的平臺或機器人本體。

打掃房子是另一項耗時的家務,但對機器人來說則要簡單得多。一般來說,我每晚回到家時,家裡通常還算整齊乾淨,但當我的女兒們還小時,地板上經常散落著玩具、絨毛玩偶和書籍。走在房間裡像是在穿越障礙,而清理工作總是比我預期的耗時得多。我明白,親自動手清潔可以帶來心理上的益處,透過勞動將混亂變為有序,也能帶來成就感。說來對近藤麻理惠（日本專業整理師）有些抱歉,但即便如此,我還是希望能有一臺機器,能幫我完成打掃收拾工作。

當我還是年輕父母時,經常幻想打造一臺像《戴帽子的貓》裡描寫的那種多臂清掃機器,可以幫我撿起滿地的物品,讓雜亂的房間恢復整齊。如今許多家庭已有鷹眼掃地機器人（Roomba）能吸塵打掃,清除地面髒汙。掃地機器人沿著隨機路徑在家中移動,並追蹤自己的路徑,以確保覆蓋整個空間。如果我們為掃地機器人加上一支簡單的機器手臂,它就能撿拾玩具和絨毛玩偶。

夾子的設計不必像人手,我們可以利用吸塵器產生的吸力,讓軟性材質做成的夾子能夠充氣和洩氣。這款掃地機器人還需要配備攝影機和電腦視覺演算法,讓它能辨識需要撿起並移動的物品。當掃地機器人靠近物品時,軟式夾子可以按壓住物品,利用吸力將其抓住,然後導航到玩具箱等預先指定的位置,再充氣釋放吸力,將物品放入箱內。

這類家用機器人如果裝上不同的手臂和更堅固的輪子,還可

以在室外使用。例如，割草機器人也可以配備簡單的手臂，用來撿樹枝並整齊堆放一旁；小型挖土機器人則可以為你整備花園的耕地。當然，我們不會希望家中、院子或超市裡擠滿了忙碌的機器人，走到哪都觸動某臺智慧機器的避障演算法，導致自己寸步難行。但如果有更多像鷹眼掃地機器人這樣專門且省時的小型機器人來幫忙，讓我每天能有更多休閒和社交時間，我定然十分樂見。

從實驗品到實際產品，過程漫長

以上所描繪的是一連串可能的未來願景，雖然不見得都會發生，但在這個新世界裡，日常瑣事獲得了分擔，你每天因此能重獲數小時的自由時間。新鮮蔬果會由無人機送到家門口；垃圾桶會自行倒垃圾，並由智慧基礎建設系統自動收取；實體或虛擬的 AI 助理，會替你過濾掉無聊且重複的工作，並提供建議，確保我們充分利用時間，優化生活品質，讓我們既能高效率工作，也能享受美好生活。

我的實驗室已開發了管理自駕車隊的演算法，這些演算法也可用於更日常、省時的用途。家中有活潑好動孩子的父母，都曾面臨過週末安排運動、聚會和休閒活動的噩夢。我們可以將自駕車的 AI 引擎變成年輕家長的私人助理，根據駕駛和共乘的需求來優化行程安排。系統可以自行判斷讓愛麗絲送孩子們去球場練習，而由鮑伯負責接他們回家。

整體而言，機器人技術、機器學習和 AI 的快速進步，將帶來更多高度自主且能力更強大的工具，可以承擔愈來愈具挑戰性的事務，讓我們擁有更多額外時間，可用來投入真正仰賴人類專業知識和創意的高價值工作，並且更專注於自己最重視和享受的休閒活動。

大型機器人研究領域已有許多研究級示範機型和成功案例，證明機器人可接管那些人類不願從事的工作，但這些原型機器人轉化為實際產品，往往需要很長的時間。首次自動駕駛的示範是在 1986 年，當時是在德國巴伐利亞高速公路的一段空曠路段。又過了近十年後，卡內基美隆大學的導航實驗室（Navlab）團隊，首度完成了橫越美國東西岸的無人駕駛試驗，將一輛自動駕駛的小貨車，從匹茲堡開到洛杉磯（車上有一名學生隨時準備接手）。又過了十五年，谷歌（Google）才宣布推出自己的自駕車計畫。從實驗室到企業，這一過程幾乎耗費了四分之一世紀的漫長時間，而企業真正將產品推向市場又需要更長時間。然而，這一切正在逐步實現，這些機器人技術的未來確實大有可為。

身為一名忙碌的職業婦女，我通常較關注的是機器人如何幫助我們在日常生活中節省時間，但從更長遠的角度來看，我們也能思考其他的可能性。年幼的孩童不乏閒暇時間，對這類機器人的需求並不大；但對父母來說則截然不同，將家務工作交給機器人處理，能讓家長有更多時間陪伴孩子，一起閱讀故事書，或在充滿想像的玩具世界中，與孩子玩耍，而不是忙於整理、洗衣或洗碗。

隨著我們年歲漸長，機器人同樣能發揮重要影響。退休的中老年人或夫婦能借助機器人的協助，更長時間的保持獨立，延續生活品質，哪怕到了九十歲以上的高齡，運動能力、精細操作和視力等能力都已衰退，機器人仍然能幫助他們完成困難的工作。

家事機器人的能力不斷提升

上述所有機器人的應用只是冰山一角。在現今機器人的能力日益精進且任務導向的世界，什麼樣的機器人能幫助你優化時間管理？你希望機器人替你減輕哪些負擔？你的工作是否有重複、單調的任務，可以由機器人或智慧軟體來處理？或是有其他家務可以交給機器人處理，讓你能專注於更有意義的活動？

如今，我們可以將任何附有輪子、可緩慢移動的物體，變成自主機器人。目前，市面上已有掃地機器人、泳池清潔機器人和割草機器人。2022 年推出的鏟雪機器人，讓人免於鏟雪這項既費時又費力的工作。未來，我們或許會看到自動購物車在超市幫人採買日用品，或自動園藝機器人在院子裡打理花草。我們還可以為機器人添加簡單的抓取裝置，用於「夾取放置操作」（pick-and-place，附記：夾取放置操作是工業機器人常見的應用之一，顧名思義，這類操作係指從一處拿起物品，並將其放置於他處；特別適合重複、大量且精確定義的組裝和工廠工作），打造一臺如《戴帽子的貓》中真實版的家事機器人，幫助你整理家務。

隨著家事機器人的能力不斷提升，它們將能幫助我們省下大

量時間,提升居家生活品質和工作品質。屆時,問題將是我們該如何善用額外的時間?正如先前所言,我希望有更多時間陪伴家人和朋友,但如果有能夠利用科技提升的休閒體驗,我也不介意花時間一試。

其實,我心目中已經有特定想嘗試的活動。我熱愛登山健行和滑雪,但如果能不乘飛機直接飛越山巒,那就再好不過了。我想要挑戰地心引力,甚至像超級英雄一樣飛翔。

第 4 章

克服重力

我每年最愛參加的一項活動，就是亞馬遜（Amazon）創辦人貝佐斯主辦的 MARS 年度機器人會議。MARS 這四個字母分別代表機器學習、AI、機器人與太空。每年大約有兩百名科學家、機器人學家、工程師、未來學家和技術專家齊聚一堂，參加這場充滿智識挑戰與深度的盛會。議程和受邀講者的名單在每天會議開始前都完全保密，但演講內容總是令人振奮、啟迪心智，討論也同樣精采。

會議開始前的第一晚晚餐，我被分配到指定的餐桌，同桌還有其他五位賓客。我在哈佛大學經常合作的研究夥伴暨好友伍德（見第31頁）也在同桌，但由於這場活動的目的在於促進互動、拓展人脈，因此我和伍德都把重心放在和其他賓客交流，而非彼此交談。不久，我便與鄰座的賓客聊了起來，結果他竟然是噴射推進實驗室（JPL）行星飛行系統理事會的總工程師簡崔·李（Gentry Lee）。李還是小說家，曾與科幻大師克拉克（Arthur C. Clarke）共同出版過書籍。可想而知，我們有許多話題可以聊。

隨著晚宴進行，我注意到伍德似乎也在進行一場非常深入的對話。雖然伍德的研究本身相當有趣，但看來是他對自己的晚餐同伴更感興趣，而不是相反情況。我忍不住想知道他究竟在跟誰交談。可惜的是，餐廳裡實在太吵，我無法聽清楚他們的談話內容。而且桌上的大型裝飾物擋住了我的視線，讓我甚至看不見對方的臉。後來，當我有機會與伍德交談時，我問他當晚和誰如此熱烈交談，他回答：「哦，那是布朗寧（Richard Browning）。」

我驚訝得差點把手中的杯子掉了。布朗寧也參加了會議？而

第 4 章 克服重力

且他一直坐在我對面？

我一直非常崇拜伍德在微型機器人領域的驚人成就，特別是他深具開創性的蜜蜂無人機，這種微型機器人主要用於潛入真正的蜜蜂群落。過去十多年來，我和伍德合作無間，但當時我真希望自己也能加入他的晚餐對話。得知布朗寧也出席會議後，我立刻下定決心要找到他，親自與他聊上一番。

布朗寧的噴射套裝

說到布朗寧，我應該是同輩中人最接近「迷妹」的人了。畢竟我從小就夢想著克服地心引力，至今仍然如此。每當我早晨上班遇到塞車，總會想像自己的車變成飛行車。但我也常常幻想，把車留在車庫裡，然後穿上特製的機器人套裝，飛越車流和大廈去上班。對我來說，這些僅僅是夢想，但布朗寧卻真的發明了真實可用的噴射背包。他簡直就是現實世界中的東尼・史塔克。

隔天，布朗寧向與會者展示了這項技術。他的噴射套裝包括一具掛在背部的迷你渦輪噴射引擎、負責供應燃料的背包（大小相當於小學生的書包）、以及兩隻袖子，每隻袖子各配有兩個渦輪。飛行員揹起背包，將手臂穿過袖子，並握住把手。迷你渦輪噴射引擎和手臂上的四個渦輪，提供了升力和穩定性。

布朗寧在示範過程中，飛越了周圍的樹頂，來回緩慢巡行，最後輕輕降落在我們面前的草地。他背後的渦輪吸入空氣，從背包底部噴出，產生推力。每隻手臂末端的兩個渦輪也提供推力。

他透過傾斜身體的方向來操控飛行,就像駕駛賽格威(Segway)或單輪懸浮滑板一樣。當布朗寧在會場上飛馳時,我目不轉睛,完全給吸引住了。我用手機錄下了這次的飛行示範,隨後在演講廳裡,儘管臺上有許多傑出講者分享他們的偉大構想,我仍然無法停止重播布朗寧的飛行影片。我好友暨機器人學先驅布魯克斯(Rodney Brooks)坐在我旁邊,他傾身對我說:「丹妮拉,你真是太入迷了!」

他說得沒錯,我的確被徹底迷住了。這簡直是集雅典著名工匠戴達羅斯(Daedalus)、彼得潘和鋼鐵人三者之大成。布朗寧實現了不可能的夢想,而結果也如魔法般令人讚嘆,尤其是對我這個從十二歲起就一直夢想著戰勝地心引力的人來說。從前,我還無法製造打籃球時能跳得高過朋友頭頂的球鞋,所以我開始穿著高跟鞋打球,想盡可能多增加幾公分高度。時間久了,我變得相當擅長穿著高跟鞋行動;至今,偶爾打排球時,我還是會穿著楔形鞋上場。

我離題了。我真正的問題不在於身高,而是地心引力。

這個頑固的宇宙力量正是我無法跳得比我那些高個子朋友高的原因。我需要升力!地心引力也是我青少年時期,和朋友去喀爾巴阡山脈健行時,無法攀登懸崖的原因之一;同樣的,它也是為何我無法直接飛去上班,而不得不困在麻州收費公路交通中的原因。

然而,在亞馬遜年度機器人會議上,我親眼目睹了人類與機器的美妙創意結合,儘管它還不是真正的機器人。

反抗地心引力

不過,正如我先前指出,幾乎任何東西都能改造成機器人。在我提出如何將布朗寧劃時代的噴射裝置改造為機器人之前,讓我們先考慮一下其他戰勝地心引力的方式。

以彈力鞋為例。如今網路上可以找到各種帶有彈簧、可增強彈跳能力的運動鞋,但這些鞋子不具備智慧功能,設計相對簡單:壓下彈簧時,鞋子會反彈,幫助你跳得更高。我的麻省理工學院同僚赫爾(Hugh Herr)創立了得飛(Dephy)公司,並開發了升級版的機器彈力鞋。這些動力外骨骼裝置可以包覆並固定在耐用的登山靴上,讓使用者跑得更快或跳得更高一些。

我們也能使用吸震材料來製造鞋子,每次下踏一步,就會儲存能量,類似於油電混合車煞車時,將減速動能轉換成電能,並儲存到電池一樣。然後,儲存下來的能量可在關鍵跳躍時刻,視情況釋放。這些吸震彈跳鞋可以配備感測器、運算晶片和內建智慧功能,使其能辨識你的意圖。

不過,你得先訓練這套智慧系統,讓它能辨識跳躍動作相關的感測值。也許它會感應到你身體前傾並彎曲膝蓋的動作,如果你的手臂或手腕上也佩戴了感測器,它甚至可以辨識出你的手臂正在向後擺動,這些都是典型的跳躍預備動作。此時,儲存在鞋底的能量也許會透過彈簧或其他機制釋放,讓你彈射到空中。我不指望你能一躍跳過高樓,但多幾公分的垂直跳躍應該很合理。這樣一來,十二歲的我可能就能多搶到幾個籃板球了。

那麼，召喚足夠的升力來爬山如何？

青少年時，我和朋友會進入外西凡尼亞的山裡冒險，發掘隱祕的洞穴，在地底深處舉辦地下派對，播放平克‧佛洛伊德搖滾天團、拉丁搖滾吉他手山塔那、齊柏林飛船重金屬樂團之類的西方禁歌。我們也會在戶外使用繩索攀登，但沒有什麼危險性。我已經很久沒有沿著懸崖拉繩垂降了，但我很希望像著名的攀岩家霍諾德（Alex Honnold）一樣攀爬岩壁，或像蜘蛛人一樣疾行大樓外牆──當然，最好是不用經歷被輻射蜘蛛咬傷的痛苦。

先以霍諾德的例子來看。一位出色的攀岩者，不僅手腳擁有驚人的力量，整個上半身和下半身也都非常強壯。如果我們設計出一雙手套，內建前面提到輕薄靈活的致動器，並將其連接到配備人工肌肉的機器服上，便能顯著增強普通人的握力。

然而，這只是攀岩所需的一部分力量。即使我戴著這樣的手套抓住了堅硬的岩石邊緣或裂縫，我仍然需要足夠的力氣將自己拉到下一個攀爬位置。如果我穿上全套動力服，背後配有更強力的馬達和電源，類似於布朗寧的噴射背包，但更小巧，所有必要的人工肌肉就能依序收縮，助我一臂之力爬到下一個位置。而且我不必下達指令，動力服會像機器運動鞋一樣，根據我的動作來預測我的意圖。當我伸手抓住更高處的岩石邊緣，並開始拉起自己時，動力服會感應到我的意圖、並提供協助。這並不輕鬆，多半還是得靠我自己努力，但動力服和我會共同完成我無法單獨做到的攀登。

這是可行的想法。我們在實驗室已經針對搜救隊，探索建造

第 4 章　克服重力

此類系統的可能性。至於蜘蛛人裝呢？那就更困難了，但並非不可能。爬上金屬表面的大樓外牆相對容易，例如攀爬著名建築師蓋瑞（Frank Gehry）設計的麻省理工學院史塔特科技中心；使用具磁力開關機制的手套和靴子，可望做到這一點。

壁虎機器人

　　數年前，我們曾經製作一款足部帶有電磁鐵的機器毛蟲，用來攀爬艾菲爾鐵塔。機器毛蟲伸展時，前端的電磁鐵會吸住金屬架，而後腳會鬆開；接著機器人的脊柱收縮成 V 字形，後腳拉近至前腳，並再次透過電磁鐵附著金屬架；然後前腳鬆開，機器毛蟲身體延展，後腳磁鐵仍在原位，保持附著，機器毛蟲的前腳爬到更高位置，後腳再度鬆開……隨後重複此過程，機器毛蟲便能持續攀爬。

　　這種方法確實有效，但我不希望以這種方式攀爬大樓，因為看起來不僅像在做某種怪異的瑜伽，我也懷疑學生們是否會覺得這樣的設計有啟發性。而且，這種方法僅適用於金屬牆面。我們也許能用吸盤來代替電磁鐵用於其他表面，但為何不開發更具彈性、類似蜘蛛人的系統呢？

　　試想一雙模仿壁虎附著機制的微纖毛機器手套和靴子。我的同事克高斯基（Mark Cutkosky）便採用了這種方法，利用具「乾性黏著」特性的人造壁虎皮，製作出一種攀爬機器人。乾性黏著又稱「單向黏著」或「定向黏著」，這有別於膠帶或口香糖的粘

合方式。如果你的鞋底粘上口香糖,必須花很大力氣,才能斷開口香糖與橡膠鞋底的黏合,機器人若採用這種技術,很快就會耗盡電力。然而,壁虎用的是不同技巧,牠們能以極小的能量,進行附著和脫離。

壁虎足趾腹面有數百萬根細毛,名為「剛毛」(setae),長約五公釐,直徑比人類頭髮細上許多。每根剛毛還含有數百個更小的結構,稱為「匙突」(spatula)。匙突讓剛毛看來像有許多分叉,壁虎使用匙突接觸想攀爬的表面,進而產生凡得瓦力——這種分子間的作用力隨距離變化,在短距離內極為強大。由於匙突極其微小,壁虎能夠有效利用凡得瓦力,使足趾與攀爬表面之間的作用力非常強大。

壁虎憑藉數百萬根剛毛和每根剛毛上數百個匙突,僅憑一隻腳就能貼附在玻璃上,支撐全身重量。關鍵在於,壁虎的足趾必須朝同一方向施力,才會緊緊附著;往反方向移動時,則很容易鬆開。這種現象就是單向黏著。

克高斯基和他的學生受到壁虎啟示,開發了一種帶有微小合成細毛的類橡膠材料,並用它製作了壁虎機器人(StickyBot),這款機器人能利用單向黏著原理攀爬垂直表面。克高斯基團隊甚至進一步拓展此概念,成功展示了人類攀爬玻璃牆面的技術。

我們如何運用這項技術呢?當你將手掌貼在牆面時,這些微纖毛可以從手套中伸出,嵌入肉眼無法察覺的微小裂縫中。當你緩慢抽回手掌時(若動作過快,可能表示你正在滑落或摔倒),機器手套能根據你的動作,推測你的意圖,並讓微纖毛縮回,釋

第 4 章　克服重力

放你的手掌。或許這種攀爬裝置比起「毛蟲攀爬法」，更能激發我學生的靈感？

研發智能飛行服

我在此提出的許多想法，更多是願景，而非產品原型。也許你會有更好的辦法，幫助人跳得更高或攀爬牆面？若有的話，我真心鼓勵你去實現夢想。如果你有科幻小說般的構想，不妨開始繪製草圖、建造和測試，布朗寧正是如此。

布朗寧辭去了原本在石油貿易產業的工作，轉而追逐他飛行服的夢想。他在自家後院開發了第一個產品原型，並以相對有限的外部資金推進了設計。他用來飛越樹頂的飛行服，由噴射燃料提供動力，其中顯然存在了一定風險；但他也示範了另一個使用導管風扇（ducted fan）提供動力的版本，風扇由電池供電的電動馬達驅動。雖然風扇電動版本的性能不如渦輪噴射動力服，但從機器人技術的角度來看，它具有更大潛力。電動車能變成自駕車，是因為電動馬達可由電腦命令和控制；同理，我們也能思考如何將這款電池供電的飛行服系統變成機器人。

穿著布朗寧的飛行服需要經過訓練。渦輪雖然能提供推力，但實際操控方向是透過飛行員的身體重心轉移來實現。如果將這套噴射背包改造成機器人，我們可以設定部分安全參數，並安裝感測器，當飛行服偏離預設的安全範圍（比如飛行員傾斜過多或速度過快時），噴射背包就能向飛行員發出提醒。

我們甚至可以使用微型震動馬達,類似用於視障人士穿戴式導航系統中的技術,當你向左傾斜過多時,左手附近會感受到輕微或強烈的震動回饋。理想情況下,我們還能加上一個抬頭顯示器(heads-up display),也許是安裝在眼鏡中,用以顯示速度和其他安全數據與操控數據。此外,我們還能讓系統支援物體辨識和避障功能;甚至可以嘗試加入類似電影《復仇者聯盟》中的對話式AI系統,或許是用 OpenAI 實驗室的 ChatGPT(聊天生成型預訓練變換模型)改良版。

不過,這些還需要更多技術上的創新,這類系統目前仍然會犯不少錯誤。在電影中,東尼・史塔克時常與 AI 系統說笑,但對於目前的邊緣裝置或無法快速存取雲端龐大儲存和運算資源的平臺來說,要實現自然語言處理,還需歷時數年。現行運行良好的模型都過於龐大,不適用於小型處理器。我可不希望像彼得潘那樣飛行時,還得與一個反應遲鈍且時常犯錯的 AI 系統,進行令人沮喪的對話。

通勤飛行與休閒飛行

好吧,假設我們打造了這樣一套系統,我們能用這套飛行服做些什麼?

或許我們可以將飛行服與第 1 章〈心有餘,力也足〉提到的外骨骼動力服結合,再加上壁虎手套,如此一來,就能模仿電影《阿凡達》中的奇妙生物,從垂直的懸崖上起落。你能飛去公司

上班,降落在大樓外牆,然後從窗戶進入辦公室。當然,我們還需要先考慮如何應對數百人、甚至數千人都變成007情報員龐德和《傑森一家》的結合體,以此種方式通勤。

其實,我們已經有辦法因應此種情況,飛行服的機器人元素將發揮重要作用。我的實驗室已開發出新的演算法,能有效引導大量飛行器穿越都市環境,為每架飛行器規劃出最安全高效的路徑,順利抵達目的地(我們也可利用相同程式來協助郊區的共乘系統)。在這種情況下,演算法可以為每位通勤的飛行駕駛,指定特定的飛行路線。雖然你在上班途中為了安全考量,也許得在飛行自由度上有所妥協,但至少你能飛行通勤,而不是困在車流中,或擠在擁擠的列車裡。

這樣的裝置用在週末也會很有趣!幾年前,我擔任一家摩托車製造公司的顧問。他們並未支付我現金報酬,而是送了一輛漂亮的摩托車做為酬勞。我和家人都十分喜愛這輛摩托車,我迫不及待,想學會如何騎乘這部精巧的工程傑作,但同時也試圖成為負責任的家長,畢竟安全是首要考量。

因此,當我得知可以購買內建安全氣囊的頂級機車夾克時,感到非常高興。這種夾克裝有大量電子元件和智慧感測器,幾乎和摩托車本身一樣有趣,但你需要啟動它們。如果你發生事故,夾克內部的巨大氣囊會迅速脹開,理想情況下,它能將傷害程度降到最低。

這件夾克內部的燈光和感測技術,讓我產生了另一場創意白日夢。我不禁想像:如果這件夾克能飛行呢?譬如掛上布朗寧的

噴射背包?這樣一來,我和家人週末時就能一起飛行,而不是騎摩托車。我知道這聽來不太真實,更像魔法而非科技。但你會發現,魔法與科技之間的界線,有時比你想的還要模糊。

第 5 章

機器人的魔法

我其中一個女兒年幼時，夜晚常常難以入睡。她總是會爬下床，抱怨自己覺得無聊。多年後，她回憶起那些夜晚時，提到自己當時總是有著無邊無際的想像。她會躺回床上，盯著頭後方的牆壁，想像那裡有一道神奇的傳送門，她能伸手進去拿出玩具、餅乾或任何娛樂她的東西。

魔法只是我們尚未發明的技術

我和先生雖是學者和科學家，但我們家也是《哈利波特》的忠實粉絲，所以我女兒想像牆上有魔法傳送門，並不足為奇。科幻小說作家克拉克有句常被引用的名言：任何夠先進的科技，都無異於魔法。我個人則比較偏好另一種說法：魔法只是我們尚未發明的技術。我不確定這句話是誰先提出的，不過，我女兒的想像力雖然天馬行空，但確實無需魔法來實現。我們可以應用機器人、機器學習和 AI 技術，實現許多在電影《哈利波特》、《星際大戰》看到的大部分精采內容。

機器人技術有潛力，讓魔法成為現實。

首先，我們需要移除或忽略那些「認為某事不可能」的固有觀念，融合人類的創造力與科學技術知識，以嶄新的視角來看待世界，讓我們能檢視看似神奇的應用，並思考如何在現實中實現它們。不論是飛行汽車、魔杖、隱形斗篷、變形術，甚至是聖誕老人裝滿禮物的神奇袋子，透過現今的機器人技術、機器學習和 AI，都有可能部分實現或完全實現。

第 5 章　機器人的魔法

在我們回到牆上的魔法傳送門之前,先來談談我最喜愛的一個電影片段,來自迪士尼經典動畫《幻想曲》中的短片〈魔法師的學徒〉。片中,米老鼠扮演的學徒被指派任務,負責從井裡挑水,提著水沿著漫長而蜿蜒的階梯,將水倒進一個大鍋,他很快就疲憊不堪。當他的師父魔法師去睡覺後,他決定利用自己學到的魔法:米奇對一把普通掃帚施了咒語。

一時間,掃帚活了過來,掃帚的底部變成兩條腿,木柄長出兩隻小手臂和手掌,開始在房裡移動。米奇假裝拿起兩桶水、裝滿水、再將水倒入大鍋,剛剛被賦予生命的掃帚也模仿他的一舉一動。米奇示範完這項工作,掃帚便開始替他完成任務。

〔附記:這情境正好展示了所謂「模仿學習」(imitation learning)的機器人訓練技術,稍後在第 10 章〈靈巧操作〉和〈機器人相關技術概覽〉會有更詳細的說明,基本策略是讓機器人透過觀察人類執行某項任務,來學習該任務。〕

掃帚基本上模仿並記下了米奇的動作。米奇則懶洋洋躺在椅子上,迷迷糊糊進入了夢鄉。醒來後,發現魔法掃帚已經成倍增加,整夜不停挑水、倒水,結果把魔法師的房間給完全淹沒了。

這支意外誕生的掃帚大軍,顯示出人類社會對機器人接管世界的恐懼,早在機器人和 AI 出現之前就已經存在,畢竟這部短片是在 1940 年上映的。然而,掃帚在米奇睡著時仍持續工作的情節,比較像是一個程式錯誤,而非真正的隱憂。現實世界中,機器人學家會明確定義任務的終點。他們設計的程式會讓機器人在水位達到特定高度時,就停止注水,或使用感測器的回饋自動

關閉系統。坦白說，米奇應該在他的咒語中加一些限制。但如果我們撇開這場令人捧腹的混亂，檢視米奇的初衷和他設置這項工作的方式，就會發現它與現今機器人學家所設想的應用，有諸多相似之處。

任何物品都能變成機器人

所以，演算法和機器人如何結合，才能實現《幻想曲》短片中的魔法？首先，如前述，實體世界中幾乎任何無生命的物體都能變成機器人。你的掃帚、椅子、檯燈等，都可以是機器人。我們習慣將機器人視為以人形為基本設計概念的系統（例如人形機器人或機器手臂），或視為帶有輪子的盒子，但如此看待機器人實在過於狹隘。容我再次重申，自然界或建築環境中的任何形體都能變成機器人。

這個概念也許聽來奇怪，但無比重要。我的實驗室啟動了一項專案，希望利用運算設計（即結合了人性與科技的設計）和製造，來證明任何物品都能變成機器人。

首先，我們利用積層折疊（additive folding）方法，先拍攝物品的照片，使用數個演算法步驟，根據照片產出平面設計圖案。平面設計圖可運用雷射切割雕刻機等快速製造方法列印。接著，透過手風琴式的摺疊平面圖案，可以製作出照片中物品的立體複製品。（計算平面圖案幾何結構的演算法，可確保摺疊完成後，立體物件看起來就像照片中的物品。）然後，我們添加電線和馬

達來移動摺疊製成的物品,並控制它的運動。舉個例子,我們可以拍攝兔子的照片,產出並列印平面圖案,加上馬達和電線,創造出頸部和耳朵可活動的機器兔子。我們也可以用這個方法來製造機器人版本的米奇掃帚。

我的好友兼同事霍伯曼(Chuck Hoberman)是知名建築師,他設計了能變形的建築。我們實驗室的研究,某種程度上受到他的啟發,將他的設計延伸向更遙遠的未來。我們利用積層折疊技術打造各種規模的機器人。例如,我們製作了雪梨歌劇院的機器人模型,它能隨著帕華洛帝的詠嘆調起舞。這聽來或許不太實際,但辛勞工作一整天回到家,看到機器人清掃得一塵不染的房子,隨著我喜愛的旋律輕輕搖擺,對我來說無疑是一幅魔幻畫面。

所以,任何事物都能變成機器人,甚至連建築物也不例外。然後,我們可以像米奇教導掃帚一樣,利用身體姿勢來教導機器人執行任務。現實情境中,我們必須仰賴穿戴式感測器來蒐集使用者肌肉活動的回饋訊號,並利用機器學習,將成串的感測器數值,與執行特定動作或任務的姿勢相連結。

容我娓娓道來。

我們位於波士頓郊區的家,戶外雖沒有大鍋或水井,但我們確實有個院子。到了秋天,院子裡就會堆滿落葉和枯枝。雖然我不討厭園藝,但也不想花整個週末耙草坪上的落葉或撿拾樹枝。因此,我設想自己能利用第 1 章〈心有餘,力也足〉所介紹的技術,再加上一些機器人的神奇元素,設計一組新系統。

米奇在卡通短片中,向掃帚示範了工作的基本要領;同理,

我可以穿著內建了感測器的軟性外骨骼背心，記錄我在院子裡工作一小時的動作和行動，並監測我的姿勢和肌肉活動。我也許還能戴上一副配備攝影鏡頭的眼鏡，記錄我耙落葉過程中的視覺細節。我們可以編寫程式儲存這些數據，透過感測和記錄我工作時的動作，來訓練機器學習模型。模型將會學習到如何耙落葉和蒐集枯枝，並處理這些材料。然後，我們可以將模型部署至裝有雙臂、附輪子的機器人，替我完成家務。（為何使用輪子？因為用雙腿行走過於複雜，運算和機械會消耗大量能量；使用輪子移動較為簡單。）

起初，我得像指揮家一樣，從遠端透過自己的動作，引導這臺現代版米奇魔法掃帚完成庭院灑掃。經過一段時間後，這臺機器人將學會獨立完成任務，我也得以與親朋好友共度美好時光，甚至享受兒時覺得疲憊不堪的山中健行。不僅如此，這臺現代版米奇魔法掃帚機器人還能在社區內共享，就像現在有些郊區住戶共享昂貴的除雪機一樣，由眾人共同分擔成本，充分利用這臺強大而神奇的機器人。

這種雙臂機器人還能在家中發揮多種用途。如果你的棒球或壘球投擲技術不如孩子所期待，我們可以調整一下機器人，讓它替你投出快速球。或許我們甚至能教這位家務助理摺衣服。〔附記：如先前所提，這在技術上是可行的，只是我們尚未完成研究，或還未能開發出價格合理的機器人。就此而言，一臺能完成室內外多種家務的多功能機器人，是很有趣的可能性，不妨將它想成受限版的機器人蘿西。〕

環顧家中，相信你會發現許多適合應用智慧機器的地方。我

們只需加裝感測器和馬達、並結合運算,訓練這些新型智慧機器理解我們的意圖,便能與我們一起完成任務、適應需求,成為我們的神隊友。

機器人魔杖

如今,我們已經掌握了引導機器人的方法。我與一位學生開發了使用手環和臂環的新手勢介面系統,主要透過電極監測前臂的動作及肌肉張力或緊繃程度。我們在一條由空中環構成的小型障礙航道中,利用無人機測試了這種方法,並針對特定手勢編寫程式,以對應不同指令或動作。例如,特定的手部動作會讓無人機往前飛,而握緊拳頭則指示它停止。

隨著你移動手臂和手部,手勢會轉化為行動,無人機則如同受到魔法師的指引般,能夠穿越障礙。如果你穿上軟性外骨骼裝置,就無需額外的臂環或手環。外骨骼的感測器和運算系統能追蹤手勢,並將其轉換成指令,猶如穿戴式的魔杖。

在佛羅里達州環球影城的哈利波特魔法世界主題樂園中,遊客可以購買電子增強魔杖,透過巧妙設計的技術,重現《哈利波特》電影和小說中的部分魔法效果。孩童(和成人)可以到故事中著名的「奧利凡德的商店」購買魔杖,然後在園區特定地點測試魔杖的法力。你可以在那裡揮動魔杖、並施展「咒語」,便能開啟附近的魔法機關。例如,在特定的窗戶旁施法,一群玩具魔法生物就會開始跳舞。

那麼，現實中的機器人控制魔杖如何管理我們家中或職場的各類機器人呢？控制魔杖可追蹤自身在空間中的移動和動作（類似手機使用微型加速度感測器的方式），我們可將特定的動作與指令對應或配對。例如，像巫師一樣將魔杖指向某處，便可轉換成配對的動作指令；透過無線網路傳輸並啟動指令，目標物便可執行相應操作。

用魔杖在空中畫一小圈，可能會啟動地板清潔。如果我們成功打造出摺衣機器人，你只需轉動一下魔杖、再輕輕一揮，摺衣機器人便會自動開始工作。

可自行重組的機器人

讓我們回到我女兒夢中的幻想。

她想把手伸進牆裡，取出任何她喜愛的物品。基本上，這就像聖誕老人駕著雪橇環遊世界時，所攜帶的無限百寶袋，裡面裝滿了每個孩子夢寐以求的禮物。但是，我們如何建造出如此神奇的系統呢？

首先，假設聖誕老人的袋子並非裝下所有禮物，畢竟那樣太不切實際，而是這些禮物是他伸手進去時，即時製造的呢？

試想，一個裝滿可重組零組件的容器，幾乎類似於可自行移動的機器人樂高模組，可以埋置在臥室牆壁或聖誕老人的魔法袋中。我的實驗室用「一袋沙」來比喻。當你需要特定工具或物品時，只需通知袋子，袋中的「沙粒」（也就是零組件）會自動組

第 5 章　機器人的魔法

成你所需的物品,然後你可伸手取出;以我女兒的情境而言,則是拿出可以陪伴她度過無聊夜晚的玩具,直到她入睡。如果這個魔法袋如她想像,嵌在牆壁上,當她玩完玩具後,便可將玩具放回牆內,玩具會自動拆卸,魔法牆則繼續靜候她的下一個請求。

從工程學的角度來看,這要如何實現呢?

首先,將假想沙袋中的每顆沙粒都視作一個機器微粒。每顆機器微粒必須能夠和其他微粒建立連結和斷開連結,而且每顆微粒必須能接收指令,在更大的計畫中發揮自身作用,以形成我們所需的形狀或物品。這些微粒在執行計畫時,必須能夠彼此溝通並相互識別。它們還需要某種電源,並具備快速運作的能力。我女兒可不想等上數小時才拿到玩具,在她的想像中,這面牆能瞬間滿足她的需求,宛如魔法般神奇!

多年來,世界各地有數支機器人研究團隊致力於發展這樣的概念,並出現了各種名稱或術語,像是黏土電子學(claytronics)、自重組機器人(self-reconfigurable robot)、可程式化物質、智慧黏土等。電影中也出現了各種類似的形式或化身。例如,熱門動畫電影《大英雄天團》中,反派角色擁有一群可快速變形和自行重組的機器人(他還是大學研究團隊的主任,影片中的團隊看來與我任職的電腦科學暨人工智慧實驗室頗為類似,但我保證,我的實驗室裡沒有邪惡反派,我們的人員審查非常嚴格)。

另一個令我難忘的願景,來自卡通《泡泡先生》。戲中的一家人擁有變形能力,能根據需求,變身成剪刀、樂器或車輛。多數人只把他們當成卡通角色,但在我眼裡,看到的卻是機器人。

91

儘管有這些來自虛構故事的靈感，但我實驗室的自重組機器人專案多半源自大自然的啟發。自然界所有生物都由細胞組成，造就了蛇或螞蟻等多樣而複雜的生物，還有肺部和心臟等器官。所以我不禁想像，如果我們擁有能組合成不同機器生物的機器細胞呢？此種機器人可變換成最適合的形態來完成特定任務，例如化身為蛇穿越隧道，或變成一臺三手機器人，進行工廠作業。

我們甚至能賦予機器人自我創造的能力。假設機器人需要從架上拿取螺絲起子，但工具位在難以企及的高處，此時，若機器人能重新排列自身細胞，生出一條長臂呢？或者，它能將原本的機器手臂改造成螺絲起子呢？如此一來，機器人的形態便能隨著目標和需求靈活調整。

🤖 機器人版的細胞

我與學生於 1990 年代首度嘗試建造自重組機器人，最終研發出兩款單元模組或機器細胞的早期設計。第一款名為「分子」（Molecule），是邊長約二十公分、相當於足球直徑的立方體；第二款為「晶體」（Crystal），尺寸為前者的一半大，能夠成倍擴展或收縮。最後，我們研發出以智慧電子立方體為基礎的嶄新系統，讓我們更接近智慧型沙袋的構想，我們稱之為「M 積木」（M-Block）。M 同時代表了英文的磁鐵（magnet）、運動（motion）和魔法（magic）。

每個 M 積木略大於冰塊，透過旋轉來移動。M 積木的結構

第 5 章　機器人的魔法

內部均裝有移動零件，每個立方體的六個表面上都有可開關的圓形電磁鐵。若我們希望鄰近的兩個立方體連結在一起，系統會啟動相鄰的磁鐵，讓兩者相連。磁鐵的吸力夠強，即便兩個立方體未完全對齊，依然能夠相吸。此一特性非常重要，畢竟在現實世界中，很多事物都難以完美排列或對齊。當我們想斷開兩個 M 積木時，立方體的電子控制系統會關閉磁鐵。這聽來也許根本不像魔法，但當你看到它們跳躍時，會感覺這些物體彷彿真的被施了魔法而活了過來。

　　為了讓 M 積木移動，我們利用小型的內部飛輪，設計了一個微系統。飛輪快速旋轉時，立方體保持不動；但飛輪迅速煞車時，飛輪高速旋轉所儲存的動量，會使立方體向前跳躍，並翻轉到某一側。我們可依照指令重新調整飛輪的方向，讓立方體朝不同方向轉動。我們結合了這些技術與磁鐵，可以讓機器粒子跳躍、翻轉、旋轉、變換方向，甚至攀爬、越過彼此，效果非常奇特。這些原本看似靜止、了無生氣的立方體，會自行跳動，而且無需外部的移動元件，沒有機器手臂、輪子或旋轉的轉子；除此之外，利用磁力形成連結或分離，也有神奇效果。

　　我們正致力於縮小 M 積木的尺寸，同時也在製作更大的 M 積木，讓它們能自行組裝，並形成新形狀。當然，我們也在探索這些 M 積木在現實世界的可能用途。我想，你可以稱此為某種「實用魔法」，但要讓這些系統變形，不僅需要具備變形能力的「身體」，還需要能指引它們的「大腦」。

　　試想我們有一臺由這類小型單元模組組成的機器人身體，單

元模組猶如機器人版的生物細胞，由大腦將其轉化為智慧的可程式化物質，同時負責釐清模組連結和移動的方式，以便隨時為我那睡不著的女兒製作玩具。目前，我們在開發和優化演算法上，已取得顯著進展，能更高效的生成和轉換形狀。例如，若想從形狀 A 變成形狀 B，演算法會計算出 A 與 B 的核心重疊部分，這樣我們只需移動不同的部分，無需移動全部模組。這不僅能充分降低能量消耗，還能加快形態轉換的速度。

群集演算法與機器人足球賽

假設我們的袋子裡或牆上的儲物格內有一組機器微粒，我們的「魔法師」可使用臂環、機器襯衫或電子魔杖來啟動流程。且讓我們假設他使用的是魔杖。

魔法師透過特定方式揮動或移動魔杖，藉此發出對應特定動作的指令。指令會透過無線網路或藍牙，傳遞給智慧機器沙粒。魔杖的動作可以編程，內建成一整套具體計畫，告訴每顆機器微粒如何行動；抑或，魔杖可發出一個整體的全域指令或指令集，讓機器微粒自行協調如何高效完成任務。

我們在一個系統上測試了這個構想，並開發了演算法，使整群微粒能協調各自的去向、彼此間的行動順序，以及哪些微粒應排除在組裝過程之外。我們建立了名為「米契」（Miche）的自我雕塑系統，能用「電子大理石」積木組成模組化的機器狗。

電子大理石積木由邊長約五公分的機器方塊組成。隨後，我

們將系統縮小至新機器人模組「鵝卵石」(Pebble)，每個方塊邊長僅有一公分。

這些系統的運作，得益於能控制大群機器人模組——又稱為「群集」(swarm)的新型演算法，使它們協同合作，朝共同目標前進。群集演算法極具挑戰，因為每個模組只能局部感知環境，並與鄰近的機器微粒交流，但整個系統的決策又必須滿足總體目標。機器微粒往往見樹不見林，僅聚焦於局部情境，無法掌握全局。然而，我們發現機器人群集非常擅長來回傳遞訊息，共享數據並協調行動，最終達成總體目標。

人類也能做到這一點，但速度慢上許多。舉例來說，為了更深入理解人群如何協調行動，我們與碧洛伯樂斯舞團合作，創作了一場名為「雨傘計畫」的互動演出。我們為數百把雨傘安裝了電子元件和 LED 燈，讓使用者選擇傘的顏色。我們將雨傘分發給數百人，每把傘亮起時，會閃耀著選定的顏色，如同大型聚合影像中的一個像素。我們用吊臂將攝影機設置在傘群上方，將影像投影到巨大的戶外螢幕上，搭配背景音樂，並向全體參與者發出如「按顏色分組」之類的指令，期望他們能自行組織，集體創作出美麗影像。

結果發現，大家非常善於根據鄰近雨傘的顏色來回應指令，卻分不清螢幕上哪個像素對應到自己手中的雨傘。若要靠人類完成一幅影像，需要長時間和多次的溝通，但此種運算正是大型機器人群集幾乎能瞬間完成的類型，原因是機器人之間的訊息傳遞和資訊處理速度要快得多。〔附記：「雨傘計畫」這項專案並未推動

在地化,但大家仍十分享受這場動態影像的集體創作。我們 2012 年開始「雨傘計畫」以來,全球各地已有成千上萬人共同參與演出。疫情期間,我們發現這是一種正向且安全的集會方式。〕

「人性」有其優勢,「科技」亦然。另一個由數臺機器人複雜協作的案例是 1990 年代的機器人足球賽。我的好友、運算科學家暨機器人學家維羅索(Manuela Veloso)曾在卡內基梅隆大學主持一項研究計畫,目標是打造一組能以競爭方式進行團隊合作的機器人,因而增加了協調合作的複雜性。這些機器人風格各異,有些隊伍使用索尼愛寶(Sony AIBO)機器狗做為球員,其他隊伍則由客製機器或模擬環境中的虛擬代理機器人組成。

比賽既引人入勝又趣味十足,然而,觀賞這些小型智慧機器進行著這項深受數十億人喜愛的足球運動的變異版,並不影響這項研究的重要性。最終,維羅索的研究團隊證明了,讓獨立機器人組隊合作達成共同目標是可行的。

這與魔法有何關聯呢?我們在開發機器人技術時,常會基於特定的使用情境,來開發演算法或硬體,然後再將其調整或應用於全然不同的領域。以上述案例來說,針對機器人群集或足球隊開發的演算法和控制系統,就能被用來管理家中的機器人。

如果我們能將家中更多電器、甚至是門和握把等簡單物件,統統變成機器人,那麼在家時,只需用魔杖或手勢,就能指揮各項工作。我毫不介意工作一天後回到家中,揮一揮電子魔杖,然後舒適喝著紅酒,眼見一群機器人開始收拾房子,或準備晚餐的食材。

阿姆斯特丹運河自駕船

誠然，這仍是遙遠的願景，就像能滿足我女兒夢想的變形機器人一般，目前還無法做到。例如 M 積木仍然存在著極大限制：若飛輪旋轉過多，積木就會移動太遠，無法準確連結。

最近，我們開發了一款柔軟彈性的版本，名為「果凍方塊」（JelloCubes），此款採用了不同的移動機制。我們也曾嘗試縮小 M 積木的尺寸，其中一版是將邊長縮小至一公分。可惜的是，這個尺寸下的磁鐵強度不如預期。雖然我們一直努力將模組縮小，但如此小的空間無法容納所需的運算、致動和電源等功能。

不過，我們不必光是等待沙粒大小的機器微粒來實現變形機器人的魔法。若能擴大模組尺寸，將有一些相當實用且令人期待的應用。例如，何不製造一款後車廂能自行重組的汽車？如此一來，當你在擁擠城市中找到不太好停的車位時，或即便有自動停車系統為你代勞時，車尾都能像手風琴一樣壓縮；或當你在超市購物，或購買新家具時，後車廂能變形擴展，超出平時的容量。

另外一例是已在阿姆斯特丹投入應用的自駕船（Roboat），這項研究計畫由我的朋友瑞提（Carlo Ratti）與數名麻省理工學院和阿姆斯特丹都市解決方案研究中心（AMS Institute）的同事合作開發。自駕艇在水上的運作，類似於自駕車的道路行駛方式，目前我們正在打造一隊自駕水上計程車，用於協助緩解行人交通和道路壅塞問題。自駕艇為長方形的載具，長四公尺、寬兩公尺，配備鋰電池做為四顆馬達的動力來源，每顆馬達驅動一個螺旋槳；

另外還配有一組感測器，包括鏡頭和雷射掃描儀，使自駕艇具備感知周圍環境的功能。

自駕艇的控制系統在許多方面類似無人車或自駕車系統，但多了一些複雜因素。自駕車主要行駛在堅實平坦且幾乎不變的道路上；但阿姆斯特丹的運河會隨潮汐而起伏，水面會因風浪或其他水上交通工具的尾流而改變。船隻的吃水深度和操縱性能等等在水面上的動態，也會因載重而變化。儘管如此，歷經數年和多次的原型設計測試後，我們成功打造出可靠的自駕艇，能自主在運河上移動，並在指定地點安全停泊和往來接送乘客。

自駕艇是長方形的，因此可並列和串連。我們還為自駕艇設計了如摺紙結構的伸縮機器手臂，能延伸長臂扣住碼頭或另一艘自駕艇的側邊。這便是我們的神奇元素：這些機器手臂讓自駕船能像大型的魔法沙粒一樣自行組合。每艘自駕艇都如同一個機器微粒或構件，集結起來便能組成全新且功能截然不同的結構。例如，它們可以變成水上平臺供人們集會，在上面舉辦市集或音樂會。另外還有一種可能性──這讓我回想起自己的童年。

國中時，我參加了乒乓球隊。當時是共產時代的羅馬尼亞，大家不像現在到哪都開車，多半是步行。體育設施距離我家的直線距離不遠，但要到達那裡，我得沿著河邊步行，穿過一座橋，再繞回河的另一邊。我性子急，實在不想每天這樣來回走兩趟。當時的我真恨不得能奇蹟似的變出一座橋，讓我迅速過河。

一個冬日傍晚，河面覆蓋著一層看似堅固的冰。我急於從社團回家，不願在天寒地凍中長途跋涉，便試圖直接穿越河面。離

岸邊不遠時，冰面裂開了，我跌入了冰冷的河水中。幸運的是，我還在淺水區，水深只及膝，但我的厚羊毛大衣完全浸溼，氣溫也遠低於冰點。等我三十分鐘後到家時，大衣已凍成一層堅冰。

所幸我安然無恙，並意識到自己試圖穿越半結冰的河面多麼愚蠢。多年後，當我們在阿姆斯特丹進行自駕艇計畫時，這段記憶再度浮現。這些自駕艇（至少在河水解凍時）可充當渡輪，甚至能滿足我兒時「變出一座橋」的幻想。每艘船的船頭可透過伸縮機器手臂與另一艘船的船尾相連，船身上還能覆蓋平板，一艘接一艘的串連，形成臨時的水上步道。

魔法變形公寓

我在思及結合魔法與機器人技術時，腦海中總會浮現米老鼠與他的掃帚。如果你能透過機器人技術、機器學習和 AI，喚醒家中的無生命物體，你會怎麼做？

試想自己手持著電子魔杖，在家中走動，用它來開關門窗、啟動摺衣機器人、或是移動家具來布置派對場地。如果你的家具具備機器人功能，你的公寓套房便能隨著日常起居的不同需求，從臥室變成客廳，再變成餐廳。沙發和椅子可以根據你的需求移動、變形、收納或重新擺放。

如今，已有新創公司朝此願景進行設計和製造，機器人公司「大黃蜂空間」（Bumblebee Spaces）就製作了能收納於天花板的家具，可根據需求調度，將同一個實體空間轉變為客廳、臥室或餐

廳。此外，你的魔法公寓還能整潔如新，因為你能借助科技之力指揮小型機器人清潔打掃，宛如魔法保母（Mary Poppins）與鋼鐵人的綜合體。

我們甚至可將這些機器人變成有趣、啟發創意的兒童玩具。我還是新手媽媽時，曾計劃設計一款智慧移動機器人，能在寶寶夜半醒來時立即反應，安撫他們入睡，讓我多享受幾小時難得不被打斷的休息時光。我並非想逃避育兒的親職，但隨便詢問任何一位母親，大家都能體會照顧數月大嬰兒時，睡眠多麼珍貴。

如今更令我期待的是，自己有機會創造出電影《哈利波特》中那般的魔法奇蹟。M 積木可能太大，無法真正實現我女兒幻想的「塞滿可程式化物質的牆」，但如果我把它們變成玩具呢？

孩子可以玩這些可程式化且可移動的智慧積木，並嘗試建造各種結構；甚至與遠方的朋友、祖父母或出差的父母，進行互動遊戲。例如，孩子移動一塊積木，遠方的玩伴可操控自己的連網配對積木或透過虛擬的方式，選擇下一步動作，積木便會隨之跳動或翻轉。這也許是讓孩子遠離電腦虛擬體驗、回歸現實世界的絕佳方式，同時又保留高科技遊戲的核心吸引力。

上述僅是眾多可能性中的幾例。如果擁有電子魔杖，你想用來控制什麼？又想利用機器人和 AI 技術賦予哪些物品生命？你會如何運用機器人技術，為自己和周圍人們的生活增添魔法？

一旦你意識到，看似神奇的事物其實可以透過數學模型、演算法、精密的工程設計和創新材料來實現，我們在故事中讀到的奇幻魔法將不再顯得遙不可及。

第 6 章

化隱為顯

走進會議室或教室時,我們多半不會特別在意「找座位」的問題。然而,試想如果你目不能視,這將會是多麼巨大的挑戰。你如何判定室內空間的大小或輪廓?如何找出並辨識桌椅等障礙物?即使你能克服這些問題,還必須找到一個空位,並且在不撞到任何人或物的情況下,穿越或繞過房間到達那個位置。同時,其他與會者可能也在移動,情況又更加複雜了。

這只是視障人士日常面臨的諸多挑戰之一。杜爾(Anthony Doerr)在他的小說《呼喚奇蹟的光》中寫道:「僅僅閉上眼睛,無法真正體會失明的感受。」對我而言,這句話完美傳達出我們對視障者的處境和感受所知甚少。視障者通常擁有屬於自己的「超能力」,他們學會放大並極致運用其他感官的感知,聽力範圍與敏銳度遠超過視力正常者。然而,我依然難以想像他們在日常生活中需要克服的重重障礙。

即便如此,缺乏理解不應成為我們無所作為的藉口。科技開發者有責任去分析這些挑戰,構思解決方案,並探索實現的可能性。在一個電腦與感測器能化奇蹟為現實的世界,我們應該能提供比手杖更優越的選擇。

🤖 增強所有人的視覺

其中一個改變方向是用不同的思維模式看待視覺。視力正常者的眼睛其實只是蒐集光線的感測器,將資訊傳送給大腦,由大腦建構外界的影像,讓我們辨識臉孔、物品和周圍環境的各種細

節,並在各種空間中行動自如。如果我們能改變或升級人體的生物感測器呢?如果我們不僅能利用科技幫助視障人士,還能輔助或增強所有人的視覺呢?如果我們可以運用機器人和 AI 技術,以令人興奮的新穎方式看待世界,甚至將不可見的事物變得可見呢?

除了人類視網膜能處理的窄頻光波之外,我們的世界其實充斥著各種波長的光。機器人可以揭露這些我們過去無法看見的光景,帶來嶄新的視野。如今,新研究也另闢蹊徑,探索超人般的 X 光透視能力,希望未來我們能透視牆壁和角落的情況。我們能擴大場景和動態,以捕捉肉眼無法看見的現象和模式。

長久以來,顯微鏡讓專業科學家與業餘科學家得以觀察日常生活中隱藏的微小世界。現在,我們可以考慮為這些人造視覺,進一步添加智慧功能,以現有工具為基礎,將人類視野延伸至難以觸及的細微之處。

家父在接受醫院的例行手術時,一條血管意外破裂,導致了嚴重的術後併發症。如果當時外科醫師的器械或其他手術設備配置了擴展醫師視野的智慧感測功能,也許能避免此類意外。增加智慧功能並不會取代外科醫師的職務,反而有助於他們更深入觀察患部,增強他們執行手術的能力。智慧機器人工具甚至能在意外發生前,先警示醫師,避免遺憾的情況發生。

現今,我們已十分習慣使用科技來放大影像中的細微特徵。新冠疫情期間,我常使用智慧型手機的相機,放大檢視我的快篩試劑結果。我的視力不錯,但檢測線有時實在難以辨識,相機幫

助我確保自己沒有錯過那條可能顯示為陽性的微弱線條。

我們在嘗試透過機器人的鏡頭觀察世界時，發現了一項驚人事實：人類的肉眼其實遺漏了許多細節！機器人不僅可以像我用手機鏡頭放大快篩試劑那樣放大影像，甚至能放大動態。

我的同事夫里曼（Bill Freeman）帶領團隊開發了一套系統，能觀察到人體的脈動：當血液在臉部流動時，皮膚會略微變紅。此種變化對人眼來說難以察覺，但是夫里曼團隊開發的技術能夠處理人臉影片，先將影片切分為靜態影像，然後追蹤特定位置的像素，放大任何變化，例如血液流動帶來的臉色變化。隨後，該系統會產生一段影片，顯示臉色隨心跳同步變化的紅潤與消退。

夫里曼將這項技術稱為「動態放大」（motion magnification），它能凸顯影片中任何微小動態，同時保持較大動態不變，使原本不可見的細微動作得以顯現。

想實現動態放大技術，必須精確測量影片連續畫面中的細微動態，例如由脈搏引起的變化。捕捉到這些動態的影像像素必須經過調整，以放大顯示出動態現象。測量過程中，需先根據像素的位置、顏色和動態的相似性，進行分群（clustering）；接著，將分群依時間軸建立關聯，相似的動態歸為同一群，形成軌跡。最後，對每一幀畫面進行調整，讓放大的區域與影片其他部分無縫融合。此過程類似於立體聲音響系統的等化處理（equalizing），只不過此處的重點在於顏色等影像特徵，而非音訊頻率。

動態放大技術的其中一項潛在應用，是監測嬰兒的睡眠狀況。我的孩子剛出生時，我幾乎無法安睡。這對於新手媽媽而言

相當常見,我們總是擔心著寶寶的健康,躺在床上時,也會掛念寶寶在隔壁房間是否呼吸正常。夫里曼團隊不僅示範了如何偵測血流變化,還展示了如何放大嬰兒微小的身體動作,使那些微小動作在肉眼下可見。

在夫里曼團隊的其中一項示範中,他們利用這項技術放大嬰兒呼吸時的胸腔起伏。當你傾身貼近觀察熟睡的嬰兒時,並不需要這種技術;然而使用標準的嬰兒監視器時,此項功能將帶來莫大的安心感。監視系統放大遠端螢幕上嬰兒胸部的起伏,讓家長確定寶寶呼吸正常,這樣至少能讓家長也安心入睡。我們還能加入一些智慧功能,設定監視器在嬰兒呼吸模式出現異常時,發出訊號或警示。

有如 X 光的視覺

那麼,我們看不見的光呢?那些在我們的世界傳播、而人類有限的視力無法察覺的無形訊號呢?

我的同事暨好友卡塔比(Dina Katabi)開創了一項先進技術,可透過監測無線網路(WiFi)訊號來觀察周圍環境,甚至偵測到牆壁另一側的物體或活動。

我們家中的無線網路路由器,會持續發射無線電波。當你經過房間時,會擾動電波場,正如大船航行會改變海浪的流動一樣。可見光無法穿透牆壁,但無線電波和無線網路訊號可以。卡塔比和她的團隊發現,我們可以監控電波場,並利用機器學習來

推測引發特定干擾的可能原因。這項技術也可用於監控嬰兒的呼吸模式或老年人的步態，在老人家跌倒時，向遠端的家人或照護者發出警示。這種「X光視覺」並非科幻小說的內容，此系統目前已於療養院和醫院部署，用於遠端監控病人和長者的狀況。

我的實驗室在夫里曼和托拉爾巴（Antonio Torralba）協助下，開發了其他方法來偵測不可見的動態，尤其是「看見」轉角處的情況。

我們設計了一款應用程式，讓機器輪椅和車輛能監控地面上的陰影，探測轉角處的景況，並在偵測到動態時，停下或減速。假設我站在一條走廊上，而你在相連的另一條走廊上移動，單憑肉眼，我無法看見你；然而，即使你超出了我的視線範圍，我們可以讓電腦視覺系統（連接AI的相機）聚焦在兩條走廊交界處的地面區域，偵測該處陰影的細微變化，進而推斷你的動作。電腦視覺系統無法呈現你的臉部影像，但是能夠告訴我你的位置和動態。

我們在實驗室下方的停車場，測試了這項「看見轉角處」的自駕車應用程式。這棟實驗室大樓的停車場完美詮釋了空間利用的極致，在地下樓層規劃了驚人數量的車位，這對於需要停車的員工來說十分便利，但也增加了車輛行駛的風險。由於轉角非常狹窄，且車道過於窄小，駕駛時可能會意外撞上其他車輛，甚至是撞上其他研究人員。我們在自駕車上測試了陰影感測系統，並安裝警報系統，若前方轉角處有物體接近，車輛會收到提醒。

這套系統運作良好──至少在室內環境如此。然而日光帶來

了更大的挑戰。由於太陽位置的變動會影響光影的強度和變化，使陰影偵測變得更加困難。我們正努力解決這個問題。

此處的重要概念在於，這些能偵測肉眼不可見動態的技術，可做為車輛和駕駛人的另一雙眼睛，增強人體生物「相機」和半自駕車的視覺感測功能。此外，動態放大、X光視覺、陰影感測等系統都可內建於穿戴式機器人系統中。例如，智慧眼鏡可提供擴增實境視野，讓人看見平時無法察覺的事物。佩戴智慧眼鏡的醫師進入診間後，可以立即觀察病人的心跳情況；保全或警務人員可看見暗處角落的動態；家長無需冒著驚醒熟睡嬰孩的風險溜進嬰兒房，只需透過智慧鏡片或監視器，從遠端快速查看，確保孩子安然無恙。

這些技術的共同目標不是取代肉眼，而是增強肉眼的能力，擴展人類視覺至隱蔽或微小的空間。可是，生理上雙眼無法有效運作的人呢？

視障人士輔助科技

許多研究團隊正積極開發輔助科技（assistive technology）來幫助視障人士，整個科學界都在試圖改善傳統手杖的不足。例如，微軟研究院（Microsoft Research）正在研發一款原型頭戴裝置，內建相機、深度感測器、喇叭和運算模組。使用者轉動頭部時，系統的相機和物件辨識軟體能辨別周圍人物，如家人、朋友或同事，並提示使用者對方的存在和位置。

日本電腦科學家淺川智惠子（Chieko Asakawa）在十四歲時，因意外而失明，她開發了室內小型定位器（beacon）導航解決方案，利用分布在室內各區域的小型定位器來指引方向；定位器透過藍牙，與智慧型手機進行通訊，通知使用者在空間內的所在位置，讓他們無需手杖亦可安全行動。淺川智惠子目前也在開發一款更精簡的導航系統，可在沒有預置定位器的情況下，幫助視障朋友穿越建築物、甚至穿越機場航站大廈。

在我的實驗室，我們採取了不同的方法，幫助世界知名男高音波伽利（Andrea Bocelli）以全新方式「看見」世界。我們自問，如果將我們的自動駕駛技術變成輕便的穿戴系統，結果會如何？簡而言之，如果將機器人汽車技術應用在人身上，會帶來何種體驗？

最終產出的硬體設計包括兩部分：一條配備感測器的腰帶和一條智慧項鍊。我們沒有使用裝設在車輛上的大型旋轉雷射掃描器，而是改用更小、更集中、且同樣安全的雷射掃描器。我們在腰帶上安裝了七個小巧的單一雷射光束掃描器，直徑僅 1 公分，外觀頗為時尚。雖然單一雷射光束無法提供 360 度的視野，但當我們將它們分別安裝在髖部兩側和中間位置，並在兩側和中間之間，以不同角度放置數個掃描器，有些稍微朝上，有些朝下；如此一來，這些雷射掃描器便能測量周圍的距離，並提供足夠的資訊來辨識個人前方及兩側的潛在障礙物。

腰帶內裝有震動馬達和必要的電子元件，確保裝置能正常運作。使用者移動時，馬達會以震動方式提醒鄰近有障礙物，提供

所謂的**觸覺回饋**（haptic feedback），例如，右側馬達震動時，代表該側有障礙物。此外，我們還將小型相機安裝於鍊子上，以便像項鍊一樣佩戴。然後，我們將掃描器和相機等感測器，連接至能執行必要運算並解讀數據的處理器。此款穿戴式原型裝置能感知周圍環境（感測），處理接收的感測數據（思考），然後發出提示或警告（行動）。

防撞導航方案

使用這款原型安全導航系統的人，行走時，雷射感測器和相機會將資訊傳送至電腦，然後再由我們為車輛開發的規劃、導航和避障演算法，來處理這些數據。最初，我們考慮以音訊警示使用者，例如發出「左側有牆」或「前方有椅子」的人聲。但在與一位視障同事討論後，我們意識到靜音模式更為理想。他解釋，他希望能「聽見」周圍環境的情況，盡量不受多餘的干擾（這也再度提醒了我們，非視障人士對視障者的真實需求知之甚少）。

經過深入研究後，我們開發出替代方案。我們不使用聲音提示，而是改採感覺或觸覺回饋（即透過電子技術傳遞觸覺）。因此，我們在腰帶內側添加了數個小型震動馬達，負責在「感測—思考—行動」循環中，執行行動的部分。

當雷射光束從使用者的右側牆壁反射時，電腦會啟動腰帶右側的震動馬達，使用者便能夠察覺牆壁的存在。當他們愈靠近牆壁，雷射路徑縮短時，電腦會判定他們與障礙物之間的距離已縮

小,震動也會隨之加劇;反之,當使用者遠離牆壁時,震動便會減弱或停止。

當遇到椅子之類、比垂直硬牆更複雜的障礙物時,系統會透過可編程的點字裝置進行溝通,裝置的針腳會移動,以顯示必要的文字。我們將點字裝置加到腰帶上,做為一種時尚的科技皮帶頭。此外,相機會捕捉到椅子的影像,電腦系統的物件識別演算法會辨識出椅子,並透過其他軟體傳遞資訊,以點字提示發送訊息,通知使用者前方一定距離處有一把椅子。

為盲人引路

這套系統的測試及其帶來的潛力,令人無比期待。我們先在麻省理工學院的實驗室進行了測試。我的視障同事帕拉瓦諾(Paul Parravano)自願參與測試,並提供意見回饋。帕拉瓦諾在走廊中穿行,上下樓梯,為我們提供了十分寶貴的建議。

經過些許額外調整後,我們帶著這項技術參加了全球科技、創新和文化的盛會——2015年米蘭世界博覽會,在會場向觀眾展示了這套系統。我們搭建了一座簡單的迷宮,邀請全盲或弱視的視障觀眾,在自願的前提下,使用這套系統穿越迷宮,並記錄了他們摸牆尋找方向的次數。

結果如何?一次也沒有!所有受試者都成功穿越了迷宮,無需伸手觸牆來確認方位,也無需使用手杖。其中一名受試者非常喜愛這場體驗,甚至一共走了三次。他表示,他真不想歸還原型

裝置，還希望能跑去米蘭大教堂廣場，找一張長椅，坐下來餵鴿子。

我們的示範結束後，全美數一數二的導盲犬訓練中心「為盲人引路」（Guiding Eyes for the Blind）總裁暨執行長帕內克（Thomas Panek）發現了這項專案，並提出另一項潛在應用。帕內克是一名出色的馬拉松選手，他雖然失明，但曾多次完成競賽。帕內克詢問我們能否協助增強導盲犬的能力，幫助視障人士避開視線高度的障礙物，諸如位於導盲犬視線上方的樹枝或電線等。我們對這項挑戰躍躍欲試，開發了一套安裝在狗牽繩手柄上的系統，可以向上偵測障礙物，然後以震動形式，向使用者發出提醒。

對於我們的研究團隊而言，看到這項技術能真正賦能他人，為使用者帶來便利和快樂，著實令人激動萬分。而且，這在知識層面也非常鼓舞人心，畢竟能將自動駕駛技術應用於這些領域，是我們始料未及的。

我們在研發機器人汽車時，無法預見自己會縮小、修改並調整這套系統來助人，但是這並不稀奇。現今深具開創性的機器人技術、結合感測器與中央處理器的小型化，正不斷開啟諸多未經探索的嶄新領域。我們針對特定專案或任務所開發的解決方案，常常能以意想不到的新方式，得到應用或重新利用。舉例來說，我們的新型機器手臂研究，最終或許能降低一種高效癌症療法的成本。

我們並非運用導航系統讓視障人士重見光明，而是透過感覺或觸覺，讓他們以全新方式體驗空間，而非依賴標準的視覺。我

們還安排了私人測試,對象是此專案的靈感來源——波伽利。

波伽利十二歲失明,當他測試這套系統時,起初還有些戰戰兢兢,得先左右移動來適應系統。然而很快的,他就和其他受試者一樣,變得相當自在,甚至自在到衝出了屋外,跑過院子,沿著街道奔跑起來。他的妻子暨經紀人和公司執行長波蒂(Veronica Berti)笑稱,這套系統會讓她失業!

應以人性為指引

如今,我們已擁有新的視覺系統,能放大極細微和難以察覺的特徵與動態,使不可見或未曾察覺之物變得可見。那麼,我們應當如何確保這些技術能嘉惠更多人?

做為一個進步社會,我們必須想方設法,優先支持這類研究和科技發展,切勿因市場需求和投資不夠強勁,致使這類研究停滯不前。重點在於確保人性與科技能夠相輔相成,發揮彼此的長處。

我們必須謹記,在無窮的可能性中,有些應用值得追求,有些構想應該實現,而有些技術則是我們絕對不容錯過的。我們不應只考慮財務報表,而應以人性為指引,竭盡所能,推動有益於人類社會的技術發展,讓更多人受惠。

第 7 章

精準執行

🤖 工業機器人誕生

1957 年，機器人先驅暨條碼發明者戴沃爾（George Devol）和現代機器人之父恩格伯格（Joseph Engelberger）在一場雞尾酒會上相遇。兩人都對廣受歡迎的科幻小說作家艾西莫夫（Isaac Asimov）深感興趣。艾西莫夫創立了著名的「機器人三定律」。

艾西莫夫的作品描繪了能力超群、近似人類的機器人，但是恩格伯格和戴沃爾開始討論更實際的應用。戴沃爾當時正在研發一款專利機器手臂，名為「程式化物件傳遞裝置」（programmed article transfer device）。戴沃爾的構想是建造一臺能快速反覆完成相同工作的機器。恩格伯格意識到，戴沃爾的發明其實就是在打造機器人，於是兩人決定聯手將此科幻願景化為現實。恩格伯格協助籌措資金，並創立了一家公司；到了 1959 年，通用汽車生產線上已安裝了首臺原型機「優尼美特」（Unimate）。

以現今標準來看，優尼美特和後續升級的機型都顯得相對簡單。優尼美特一號包含了一支機器手臂，安裝在穩固的大型底座上。機器手臂可以前後、上下移動，末端可安裝夾爪等不同的工具，並能在空中旋轉。按照今日的標準，這臺早期的工業機器人並不智慧，僅能反覆執行相同任務。儘管如此，它確實符合預期。優尼美特的第一項工作是從壓鑄設備中，取出危險的高溫零件，放入容器冷卻，優尼美特能夠高效率完成這項工作。隨著技術的發展，優尼美特及後續機型逐漸承擔了更多樣化的任務。

這臺首款工業機器人大獲成功，部分得歸功於恩格伯格傑出

的行銷能力。1966 年,他帶著這款機器人登上了強尼・卡森主持的《今夜秀》。此舉非常大膽,我們這些機器人學家對於公開示範,通常較為謹慎,尤其是在大眾面前展示,畢竟意外情況時而有之。但恩格伯格並未因為數百萬戶觀眾的壓力而卻步,他和團隊精心設計了一系列完美的示範。他們設計讓優尼美特拿起一罐百威啤酒,並成功將啤酒倒入杯中;還表演了高爾夫推球進洞;甚至還用指揮棒,指揮了節目樂隊的演奏。

從公關角度來看,這些示範十分精采,但卻有誤導之嫌,因為機器人只能執行事先設計和編程好的動作。舉例來說,假使卡森移動了杯子,優尼美特可無法察覺位移並調整動作,也許會直接將啤酒倒在《今夜秀》的桌上;同理,如果啤酒罐的位置改變了,機器人的夾爪也無法分辨並適時調整,啤酒罐很可能會被打翻。然而,這場示範加上工廠機器人實務上的成功,幫助大眾認識到機器人的各種可能性。工業機器人領域旋及蓬勃發展,數百臺優尼美特機器人被部署於壓鑄產線上,並進一步調整用於點焊作業。

數十年來科技日新月異,工業機器人的功能愈發強大,應用範圍也持續擴展。如今,工業機器人廣泛運用於汽車、醫療、電子和消費品等多種產業的生產線上。

優尼美特最初負責「夾取放置操作」,這項工作至今仍是這些機器人的主要任務。然而,現代工業機器人已堪稱工程學的傑作,具有驚人的速度和精度。例如,知名的愛普生工業機器人能在三分之一秒內完成任務,並具有僅 5 微米(約人類髮絲粗細的

十五分之一）的重複精度（即反覆返回同一位置的能力）。如此不可思議的精度，並非機器人早期的賣點，但後來卻成為一大優勢，並應用於許多意想不到的領域。時至今日，機器人技術已為外科手術和農業等多樣化領域，帶來更高精度。

達文西機器手臂、瑪佐機器手臂

我在攻讀博士學位期間，主要致力於編寫用於引導和控制機械夾爪的演算法，當時世上最先進的機器手臂是由我的好友、工程師暨發明家索爾茲伯里（Ken Salisbury）打造，那時他已在機器手臂領域耕耘數十年，甚至在六歲時就製作了機器手指。多年來，索爾茲伯里和他的學生開發了多款具開創性的機器手臂，並為觸覺回饋領域奠基。

1990 年代中期，索爾茲伯里應友人邀請，前往加州，與一家新創公司討論他的研究項目。不久後，他便開始為達文西機器手臂研發部分關鍵系統。如今，達文西機器手臂已是全球最成功的機器人之一。

達文西機器手臂是科技與人性結合，達致更高成就的絕佳範例。儘管我們在電影中看過智慧機器執行手術，但在現實中，機器人尚無法獨立完成這樣的任務。在電影《星際大戰第三部曲：西斯大帝的復仇》結尾，一組機器人很熟練的為重度燒傷且肢體重創的安納金・天行者（後來成為黑武士）進行手術。

可惜的是，目前的機器人技術還無法達到這樣的自主操作水

準;即便有朝一日能實現,我們也不該將如此重要的手術完全交給自主機器人來完成。

事實上,達文西機器手臂和其他類似系統的機器人是訓練有素、能力卓絕的外科醫師用來輔助手術的工具,幫助他們以更高精度和更小切口完成手術。我曾與一名外科醫師討論過機器人的角色,據他表示,機器人在複雜且高風險的手術中最為有用,它們能夠幫助人類擴展能力或延伸感官,協助外科醫師完成手術。他也指出,機器人在大量的低風險手術中,同樣非常有幫助,讓外科醫師能更高效工作,減少失誤。

外科醫師使用達文西機器手臂時,會坐在病人附近的控制臺前。手術設備通常由一個底座和四支機器手臂組成,懸掛於病人上方。坐在控制臺前的醫師操作兩個手持握把,就能操控機器手臂末端連接的鑷子等各種手術器械。微型內視鏡可提供高解析度的立體手術視野,讓主刀醫師能以十倍放大倍率,近距離檢視手術部位,將醫師的視覺延伸到很微小的範圍。

達文西系統的設計,讓外科醫師能即時查看自己所操控的手術工具,彷彿手術工具就在他們眼前、並握在手中一般。這些手術工具本身也專為了高精確度而打造。想移動手術工具 1 公分,主刀醫師必須移動手持握把 10 公分;此外,達文西手術系統還能消除主刀醫師因生理產生的顫抖。

另一款頗受歡迎的機器人手術系統為瑪佐機器手臂(Mazor X Stealth Edition)。我的外科醫師友人表示,瑪佐機器手臂十分適用於高風險手術。

瑪佐機器手臂專為協助特定類型的脊椎側彎手術而設計。在這類手術中，醫師會沿著病人的脊椎，在不同的椎骨上，安裝十多顆鋼釘，再用鋼桿連結，形成支撐結構，以矯正病人的脊椎。長久以來，外科醫師對這類手術早已十分熟練，無需機器手臂也能成功完成手術。即便如此，這項手術仍屬於高風險操作；若有一顆鋼釘裝錯位置而觸及脊髓，病人可能會癱瘓。因此，精準度至關重要，這也是為何脊柱外科醫師樂於接受這款機器人助手，因為可以幫助降低手術風險。

手術前，醫師會透過電腦斷層掃描和立體視覺化軟體，預先規劃每顆鋼釘的位置，AI 機器人會建議特定的鋼釘排列方式，醫師可根據自身經驗與判斷，進行調整。一旦主刀醫師規劃好每顆鋼釘的位置，瑪佐機器手臂便會按照計畫，逐一將鋼釘精確安裝到位。

人類用專業知識設立架構，然後由機器人精準執行。

可吞服的醫療機器人

這種透過機器人進行手術及提升精準度的想法，亦可拓展至更具科幻色彩的新興領域。例如，我的實驗室曾嘗試研發可像維生素般吞服的微型機器人，它們能前往感染或內傷的患部，進行治療，然後經由消化系統排出體外。我們部分使用了生物可降解的香腸腸衣，來製造這些機器人。

為了測試這個構想，我們需要設定目標應用情境，其中一

名學生提議解決一個奇特但日益常見的問題。根據美國毒物中心（AAPPC）的資料，美國每年有超過三千五百人誤吞鈕扣型電池，且此數字不斷攀升；毫不意外，大多數病人是兒童。而取出電池通常需要進行手術。試想，一名幼童剛剛吞下了一顆電池。不到一小時，電池就會灼傷胃壁組織。使用標準的外科手術取出電池具有高度侵入性，增加了疼痛和感染的風險。

現在，想像一個包裹在冰囊中的可食用微型機器人，小到足以讓孩子吞下。冰囊進入胃部後，會逐漸融化，機器人隨之像摺紙般展開。外科醫師可以操控體外磁場（即我們變相的魔杖），引導內含磁鐵的機器藥丸穿越胃壁，精準抵達患部。於是，醫師便能在不割開任何切口的情況下，深入孩童的胃部；微型機器人則能利用內含的磁鐵去吸附電池，然後自然排出體外。

醫師隨後可導入第二顆機器藥丸，前往患部進行局部藥物治療。在我們的實驗中，第二個機器人設計成手風琴狀，當我們用外部磁場引導它前進時，機器人會如毛蟲般收縮和伸展，沿著胃壁移動。一旦抵達目標位置，機器人便自行展開，覆蓋在患部之上。在真實的醫療情境中，這款折疊機器人會攜帶預防感染的藥物。機器人本身由生物可降解材料製成，會隨時間分解，而我們用來操控的微型磁鐵，則會透過消化系統自然排出。無需任何切口，藥物便可精確抵達感染處，而且孩子當天就能出院。

目前，這款機器人仍處於實驗室的原型階段。但在未來五年到十年內，這類機器人及其技術的應用範圍和潛在影響，可能會超乎想像。

接下來，請容我再舉一個醫療領域的案例。

機器人輔助手術的一項挑戰在於，人類是有生命、會呼吸、且不斷變化的生物，而非靜態的工業零組件。我們的身體並非完全靜止不動。因此，脊椎手術機器人系統必須能夠持續追蹤病人的脊椎方位、以及機器人本身零組件的精確位置，以確保手術準確執行。此外，這也需要特殊技術來確保病人相對於機器人的位置能精準固定，正好類似於我們實驗室進行中的另一項研究，只不過在這項研究計畫中，我們的目標是改善癌症療法。

傳統的癌症放射治療仰賴 X 光。雖然傳統放療對腫瘤非常有效，但同時也會損害周圍的健康組織，導致副作用。其中一種替代方案是質子療法，主要使用高能量帶電粒子形成的細射束，直接瞄準癌細胞，進而降低對周圍健康組織的連帶傷害。

不幸的是，產生質子射束需要粒子加速器、以及重達百噸的旋轉機座，方可精確引導質子射束。這套設備可能得占用一棟小型建築，且造價高達一億美元。因此，目前全球質子治療中心的數量非常有限，著實令人遺憾。雖然只有 1% 的癌症病人接受質子治療，但高達半數的病人從中受益。

麻省總醫院的波特菲爾德（Thomas Bortfeld）和顏蘇蘇（音譯，Susu Yan）向我們諮詢，問我們能否重新設計這套系統？我們能否利用機器人和 AI 技術找到方法，讓更多人能接受治療？質子治療系統中最大型且昂貴的部分，就是用於精確控制質子射束的旋轉機座。於是，我們靈機一動：如果不移動質子射束，而是維持它不動，但改為移動病人呢？

第 7 章 精準執行

機器手臂治療床（Robotic Couch）已經通過傳統放射治療的測試，而我們所提議的系統將能實現質子療法所需的即時追蹤和調整能力，也是首款具備此功能的設備。我們提出的系統包含兩部分：一為軟性外骨骼動力衣，包覆病人的腰部、肩膀和上臂，用來精準固定病人的身體位置。為此，我們並不需要重新研發機器人，而是採用流體人工肌肉（見第 33 頁）致動器的變體。第二部分是將這個軟性固定系統，連接至常用於飛行模擬的機械椅。我們將這款商用座椅改造為精準的病人定位設備，並連結了視覺系統，用來追蹤病人相對於質子射束的位置。這樣一來，即使軟性固定機器人已盡力穩定病人，但若病人稍有移動，座椅仍然能夠進行必要的調整，確保質子射束精準擊中腫瘤。

在早期測試中，這套系統能快速因應病人姿勢的改變（例如從彎腰駝背調整為正確姿勢），並以 1 公釐以內的精確度重新定位，這正是臨床應用所需的高精度。

劃時代的精準農業

機器人系統提供的高度，正逐漸拓展至新興、且有時令人意想不到的產業。

以農業為例。許多公司正在研發自動駕駛曳引機，這些機器無需人員操作也能耕種田地，不僅為時間和人力有限的農民節省了寶貴工時，還提供了前所未有的精準度。自駕曳引機能犁出完美筆直的田壟，精確記錄播種的數量和位置，並隨時監控作物的

生長情況。舉個例子，強鹿（John Deere）公司正在部署一項精準農業技術，以自動辨識作物與雜草。播種完成後，配備多臺立體攝影機的曳引機，在田中一邊向前行駛，安裝在延伸懸臂上的相機則一邊掃描地面，拍攝即時影像，並與包含全美各地五千萬張農田圖片的圖庫進行比對。接著，機器學習演算法幫助系統正確分辨雜草和作物，並在需要之處精準噴灑除草劑。

相較於噴灑整區農作物，這種機器人輔助的精準應用，能減少 80% 的化學藥劑用量。

協助寫字的機器袖套

在家庭或休閒相關的情境中，對精準度的需求也許無需達到工業或醫療級的水準，但我仍然能預見諸多可貴且令人驚喜的使用情境。

例如，隨著年歲漸長，我們可能會逐漸喪失某些年輕時習以為常的精細操作能力。多數人都能輕鬆拿起筆，清楚寫下自己的名字，或給朋友、同事、親人寫短信。然而，這項能力也許會退化，尤其是中風留下後遺症、或因帕金森氏症等疾病引發顫抖。倘若能有一款軟性穿戴式機器袖套，便能幫助年長者穩定握筆，為孫子寫生日賀卡，或拿起精緻的香檳杯舉杯敬酒。這種穿戴式袖套或手套能感測到手部的顫抖，並施加反作用力來穩定手部，讓使用者重新擁有曾經的精準控制力。

比起優尼美特機器人和其他早期工業機器手臂，現今的機器

人在精準度上的成就令人驚嘆。機器人已經足以勝任夾取放置操作任務，所以我們應該將人們從各行各業單調重複的工作中解放出來。

我們擁有能在現實世界中，極其精確的定位物品與人體的裝置；還有外骨骼動力衣，不僅能幫助我們在年老力衰時維持手部靈活，還能協助我們學習新技能，甚至在高風險手術中充當可靠的助手。對於孩童，我們可以改良用於協助長者完成精細操作的機器手套，設計更小型的版本，讓機器人穩定正在學寫字的孩童手部和手指，慢慢引導他們更快掌握「書寫」這項精準技能，直到他們能獨立書寫。

我們在生活中還能如何應用精準的機器人呢？目前，全球各地的機器人實驗室都在研發許多創新構想和應用；當然還有各種天馬行空的想法，在年輕發明家的腦海中醞釀。過去十年間，機器人和 AI 領域進展飛快；然而，儘管機器人的能力令人無比驚艷，卻絕非魔法。我們無法像魔法師的學徒那樣揮動魔杖，就瞬間賦予衣物、車輛或家用品神奇的能力——我們當然不能！

我們必須從零開始設計、建造、組裝和測試機器人的身體與大腦，並確保二者能高效協作，真正服務於人類的需求。

第二部

現實

第 8 章

如何建造機器人？

現實世界充滿變數

我仍在學時，原本打算追隨我學者父母的腳步，從事更偏向理論的研究，建造機器人並不在計畫之中。我高中快畢業時，舉家移民美國。就讀愛荷華大學時，我專攻電腦科學、數學和天文學。然而大學快畢業時，一次偶然的際遇改變了我的職涯方向。

當時，學校邀來了電腦科學領域的巨擘霍普克羅夫特（John Hopcroft）。他發表了一場演講，會後我剛好有幸與他交談。聊天過程中，他說了一句對一名雄心萬丈的大學生來說，頗具震撼性的話。他就事論事，對我說，傳統電腦科學問題已經被解決了，如今已無有待探索的重大謎題！

〔附記：對於具有學術背景的讀者而言，霍普克羅夫特真正的意思是：電腦科學家已發展出許多圖論相關問題的解決方案，而這些方案也在形塑和確立電腦科學領域指導原則方面，發揮了重要作用。〕

最初聽到霍普克羅夫特的這番話時，我感到非常氣餒，但也隱約看到希望。霍普克羅夫特解釋說，他堅信我們正邁入一個廣泛應用運算的新時代。換句話說，是時候將所有理論付諸實踐了。

當時，霍普克羅夫特最為熱中的應用就是機器人技術，並將機器人技術視為實現電腦與實體世界互動的關鍵途徑。彼時設計的應用主要針對精確且可預測的電腦環境，然而現實世界充滿變數，連續而多變，且處處充斥著不確定性與錯誤。僅僅將現有的運算技術直接套用是行不通的。如果我們希望機器人能在這紛亂

無序的世界中有效運作，就必須研發全新的模型、演算法，甚至是完全不同的方法論。

這將非常、非常困難。

然而，我感到無比興奮！

為了與霍普克羅夫特一同實現這個宏大願景，我申請了康乃爾大學的博士班，前往紐約州綺色佳，與霍普克羅夫特合作實現機器人技術。我專注於開發機器人手部操作相關的分析和演算法，也就是機器人如何拾取、握住物品和在手中翻轉。人類從小便學會用雙手抓握和操控各種物品，當作工具或玩具來使用。若我們希望開發出能實際執行任務的機器人，它們就必須具備類似的能力。因此，我投入這類任務的規劃研究，從各個層面探討實現的可能性。換句話說，我專注於研究機器人的「大腦」，即它如何控制與指引機器人的手部，以及如何操控它所試圖處理的物品。

我開發的程式在模擬環境中，運行得非常出色。但是有一個問題——事實上，是一個相當大的問題。

當時我們所擁有的實體機器人技術還不夠先進，無法執行我所設計的程式。換句話說，我在為尚未存在的機器人技術編寫程式。

〔附記：當時的機器人無法實現我們的理論，演算法也不全然到位。但我們發現，若將移動式機器人想像成可移動大型物品的手指尖，這些演算法也許可以用來移動家具。於是，我們不再是設計用機器人的手指來移動咖啡杯，而是設計出可搬動沙發的機器人。〕

127

於是我下定決心,如果我要實現夢想,讓機器人能廣泛應用於現實生活的各種情境,就不能只專注於打造機器人的「大腦」,還必須著手打造它們的「身體」。

　　每一臺智慧機器都是由實體元件和處理單元組成,也就是所謂的「身體」和「大腦」。機器人的身體可能有各種不同形態,如先前討論過的機器魚、膠囊、汽車和蟑螂等。儘管它們的外形各式各樣,但都具備一些共通的基本特徵:機器人的身體通常配備感測器,類似於人類的眼、耳和皮膚,用以蒐集外界環境的可輸入訊號。接著,這個身體需要具備影響外界環境的能力,也就是說,它必須能夠移動自身;如果無法移動自身,也要能移動外界的物品。例如,工業用機器手臂也許是固定在一處,但能運用工具移動物品,完成指派的任務。

　　機器人的能力取決於它身體的功能範圍,例如,工業用機器手臂就無法在工廠內自由移動。多數機器人的活動都與移動自身或操控物品有關,或兩者皆是。

　　機器人的身體設計,決定了使用何種「大腦」或程式組合來引導其行動。例如,自駕車的大腦若用在工業用機器手臂上,便毫無用處。此外,身體與大腦都必須經過優化,才能打造出高效能的機器人。若有強大的大腦,卻沒有合適的硬體來執行大腦的決策,那你只是空有精妙的數學,但無法造出真正的機器人。

　　早期研究機器手臂操控功能遭遇挫折之後,我開始同時發展兩塊機器人領域:致力於改進機器人的實體形態、以及設計引導機器人行動的大腦。我經常針對特定的功能或用途,同時設計機

器人的身體和大腦，此即所謂的整合設計（co-design）。不論是當時還是現在，這種雙重聚焦的研發方式，在機器人領域都相對罕見，但我算是「有備而來」。

生活於羅馬尼亞時，我便非常擅長數學。當時有個慣例，所有高中生每月需在工廠工作一星期。羅馬尼亞政府認為，這樣的安排能幫助我們學習技術，為成為無產階級的一員做好準備。因此有段時間，我在一家製造火車零件的工廠工作。當時仍是青少年的我，並未感覺這份工作有多大用處。如今回首，那段經歷對我的職業生涯產生了深遠的影響。我學會了操作車床等實用機械設備，並用金屬原料加工製作出螺絲。隨著學校裡的數學課程變得愈加抽象，我逐漸意識到自己更渴望從事與實體元件相關的工作，也就是能讓我體驗純粹創作樂趣的實作型工作。

思維轉變：製造軟性機器人

先來想想，製造機器人需要什麼？

首先，我們必須先定義這些智慧機器。何謂機器人？下列是第1章〈心有餘，力也足〉提及的標準定義：

> 機器人是可程式化的機械裝置，
> 從周圍環境取得資訊，再處理這些資訊，
> 然後據此採取實際行動。

換句話說，機器人是能實現「感測—思考—行動」循環的機器。如果僅需符合其中一項標準就能稱作機器人，那麼我桌上的紙鎮透過自身的重量，對紙張施加了向下的作用力或行動，應該也能算是機器人，但顯然它並不是，它只是一個紙鎮而已。

現在，如果我在這個紙鎮上加裝攝影機，再配上一個處理元件和幾條機械腿，情況就截然不同了。我可以為這個桌上型機器人編寫程式，讓它透過相機偵測紙張的異常移動——比如當辦公室窗邊的風變強時；若紙張移動超出特定最小範圍（譬如被風吹起超過幾公分），桌上型機器人就能感測到並做出反應。此時，機器人會展開藏在內部的機械腿，跨越桌子移動到被吹起的紙張處，坐下確保紙張維持在原位。

「感測—思考—行動」，紙鎮此時變成了桌上型機器人。

上述三個條件缺一不可，少了任何一項，都不能稱之為機器人。否則，像老爺鐘或你房裡的鬧鐘，任何機械裝置都能歸類為機器人了。老爺鐘或鬧鐘雖然能接收輸入資訊、並執行動作，但它們無法感知周圍環境。如果鬧鐘在你未能按掉它時，能跳下桌子、爬到你的床上把你叫醒，那它或許就能稱作機器人。

隨著科技進步，機器人領域變得愈發富有創意。如今，機器人學家不再局限於使用硬塑膠或金屬，也開始採用矽膠或橡膠等更柔軟、具彈性的材料，來打造智慧機器。這種思維轉變，催生出了軟性機器人，此類機器人更可塑、靈活，且通常更安全。現代工業機器人通常必須在安全防護籠內運作，因為它們不夠智能或靈敏，無法對誤入工作範圍內的人員做出反應。軟性機器人則

能適應不同的環境,無論是家庭、辦公室等以人類為主的空間,還是珊瑚礁周圍的水域深處。

我們可以用木材、紙張、甚至食物來製造機器人。例如,第7章〈精準執行〉曾提及我們研發的一款可吞服的手術機器人,外殼便是由香腸腸衣製成。我們選擇這種材料,並非為了賣弄聰明,或我們實驗室成員對醃製肉品情有獨鍾,而是因為腸衣是合理的選擇——它既無毒,且能被生物降解。

我們也不斷重新思考智慧機器的形態。如今,機器人專家設計出了機器魚和機器章魚,還有多足機器人和蛇形機器人。我們製造了能自行展開的摺疊機器人(origami robot),以及可移動的迷你版雪梨歌劇院。

我實驗室裡有一款機器手臂,看來不像人手,更像鬱金香。說到鬱金香,我們甚至開始打造能夠生長的機器植物和花卉。而且這些創新並不僅限於我的實驗室,全球各地的機器人實驗室都在進行類似嘗試。這是機器人學界思維轉變的附帶結果,愈來愈多人開始接受新材料,並大膽發揮創意,拓展機器人的可能性。

機器人包含五項基本要件

現在,讓我們回到基礎知識。

機器人由數個元件組成。

首先是底盤(chassis),不妨將這視為機械結構的主體部分,或類似於動物的骨骼。接著,我們需要加入電機零組件,包括感

測器、馬達和名為「致動器」（actuator）的人工肌肉。我們將這些零組件安裝到底盤各部位，讓機器人能靠馬達和致動器移動，並透過攝影機和其他感測器，感知周圍環境變化。

然後，我們還得加入一臺電腦，也就是機器人的「大腦」，要能夠儲存數據、處理資訊，並向馬達和致動器發出特定指令，協助機器人執行更大的計畫。例如，如果我們指示機器人行走，它必須將這個高階指令劃分為眾多的任務和子任務，逐一詳細指示各個馬達和致動器該執行什麼動作、何時執行，以及按照什麼順序完成。

此外，機器人在電機零組件和中央電腦之間，還須具備中間層（intermediate layer），由專用電子元件和軟體組成，用以協助機器大腦從感測器蒐集數據，並向馬達和人工肌肉傳達指令。中間層可視為人工版的神經系統。

整體來說，機器人包含了五項基本要件：

1. 底盤
2. 電機零組件（如感測器、致動器、電纜和電源）
3. 運算硬體（如處理器和儲存設備）
4. 通訊基板（電機零組件和運算硬體之間的連結）
5. 運算軟體（用於編程機器人運作所需演算法的軟體，負責感知、規劃、學習、推理、協調與控制）

第 8 章　如何建造機器人？

若我們能成功將上述五項要件組合在一起，機器人便應運而生。

〔附記：需要澄清一點，我在此描述的是獨立作業的自主機器人。我們也可以建造具分散式感測和處理功能的機器人，例如，將部分運算能力放到雲端的機器人。這在現代技術中相當常見，這也是為何 Siri 在收訊不良時，表現不理想的原因。Siri 的運作仰賴雲端運算的強大效能、速度和規模，而不單憑手機裡的微處理器。但我認為這種方式並不適用於機器人。自駕車等攸關安全的應用，不能過度依賴雲端。在高速公路上以時速一百公里行駛的車輛，無法等著感測器將數據上傳到雲端，然後再等待雲端大腦告訴它如何應對瞬息萬變的交通情況。自駕車可沒有兩三秒的時間等待雲端發送指令，它需要立即做出反應。因此，我們將機器人的大腦保留在機器人的軀體上，而不仰賴雲端。〕

選定機器人的形態（底盤）和建構身體所需的材料之後，下一步便是考慮感測器和致動器，二者將賦予機器人感知環境的能力，並使機器人能在現實世界中發揮作用或執行動作。致動器與感測器必須和身體相互搭配，隨著機器人專家對底盤設計的想像力與創造力不斷提升，我們也必須重新設計這些核心的電機零組件。若機器人的身體具有彈性，感測器也必須靈活有彈性。

例如，自駕車利用雷射掃描器來感知周圍環境；如果我們想將建築起重機改造為機器人，便可為它配備這種掃描器，因為這類機器人的機身龐大、堅固且剛硬。但是，若將咖啡杯大小的雷射掃描器，安裝在細如掃帚柄且柔軟靈活的蛇形機器人頭部，就不太合適了。這樣的設計會影響蛇形機器人移動的效率，甚至可

能使它無法通過任務需要它穿越的狹小空間。

機器人學界一直致力於設計新型感測器、馬達和致動器,以配合形狀非常規的新式軟性機器人。我們已經開發出利用液壓和流體力學而非電機技術來施力的人工肌肉,例如,流體人工肌肉技術。

我們也在研發更具彈性的感測器。我的同事布洛維（Vladimir Bulovie）正在開發紙張型的輕薄電池。這些電池可無縫整合至機器人的身體,使整個機器人本身成為能量來源,讓機器人無需再攜帶笨重的電池組。此外,其他團隊也正致力於開發更小型的太陽能電池,可固定於機器人身上,提供電力。

目前的 AI 都不是通用 AI

那機器人的大腦呢?如果沒有大腦告訴機器人何時該做什麼事,機器人的身體就只是個繁複的雕塑品罷了。機器人可能需要儲存過往經驗的數據,同時它的感測器會不斷蒐集周圍環境的新資訊,因此數據會源源不斷輸入系統。有些機器人會保留所有的數據,有些則根據即時回饋運作。

單是來自相機和雷射掃描器的數據串流,便可能極為龐大。例如,一小時的串流影片可能會產生高達三十億位元組（3GB）的數據,對於搭載一兆位元組（1TB）硬碟的機器人大腦而言,不到兩星期,容量就會被數據填滿。因此,機器人大腦需要配備專門用於儲存的高容量記憶體。

此外，機器人大腦在實體上還需要強大的處理元件，來運行程式，幫助機器人理解所有儲存和串流的數據，規劃行動，進行預測，並推理下一步如何行動或應對突發狀況。

說到此，機器人究竟如何規劃、預測和推理呢？機器人大腦的運作並不單憑 AI，但我們可以從此處開始探討，畢竟整個機器人領域的起源便是 AI。

AI 背後的重要思想可追溯至英國科學家圖靈（Alan Turing）。圖靈曾設想一臺能自然與人類交流、甚至讓人誤以為它也是人類的機器。圖靈提出這項挑戰幾年後，在 1956 年，電腦科學先驅閔斯基（Marvin Minsky）和一群學者友人，在達特茅斯學院舉辦了一場研討會，深入探討科學與工程領域最重要的議題。他們在徒步健行、研討和飲酒交流的過程中，討論了如何開發具有類似人類特徵的機器，包含移動、觀看、玩耍、溝通、甚至是學習等能力。

某種意義來說，圖靈向我們描繪了 AI 的可能性，而閔斯基和友人則透過那場思想碰撞和隨後在 1961 年發表的論文〈邁向 AI 的步驟〉，提出了實現此一目標的方向。接下來數年，頂尖大學紛紛成立 AI 實驗室，相關研究雖然進展緩慢，但是仍穩定進行。然而，到了 1980 年代，AI 發展陷入停滯，這段時期也就是所謂的 AI 寒冬。

過去十多年，AI 領域已取得大幅進展。如今隨便一臺普通的智慧型手機，運算能力都遠超過 1980 年代廣受吹捧的克雷二號（Cray-2）超級電腦。電腦、智慧機器和感測器的普及，推動

了數據的爆炸式成長,而創新研究人員開發並改進了數以千計的演算法,使其能從大數據中尋找模式,進行預測和學習。但我們是否實現了閔斯基那一代學者所設想的 AI?

答案是否定的。

如今,AI 已成為包羅萬象的用語,是常被大公司用來為產品和服務添加高科技光環的行銷流行語。然而,機器人領域的奠基者當年走出樹林時,他們的目標是開發具有人類能力的機器。此一目標即發展所謂的「通用 AI」,我們很早便意識到實現的難度極高,短期內無法達成。

相較之下,現今普遍的 AI 技術屬於「狹義 AI」,雖然與閔斯基等人的願景相去甚遠,但能力依舊令人驚嘆。這些 AI 系統已經擊敗了西洋棋大師,甚至戰勝世界頂尖的圍棋高手;它們能創作引人入勝的故事,編寫可運行的程式碼,並生成有趣、甚至美麗的藝術作品。更有甚者,有一款 AI 系統曾在熱門益智搶答節目《危險邊緣》中奪冠,展現了非凡實力。

然而,大家討論 AI 在特定領域達到的顯著成就時,經常忽略一個重點:這些系統都高度針對特定任務。比方說,圍棋大賽勝出的 AI 系統就無法駕駛自駕車。不過隨著 AI 快速發展,人們會有所混淆,也不難理解。

2022 年 5 月,字母控股公司(Alphabet)旗下的 AI 公司「深腦」(DeepMind)推出了一款名為「蓋圖」(Gato)的 AI 模型,能完成六百多種不同任務。乍看之下,這似乎接近了通用 AI 的目標,但蓋圖並非真正的通用 AI 大腦,無法自行學會如何完成所

有任務,像是為圖片下標題、指揮機器手臂堆積木或打電動等。恰恰相反,蓋圖是由多個針對特定任務精心訓練的模型組成的集合體,它所達到的成果非凡,但還不屬於真正的通用 AI。

這個語用模糊且無所不包的 AI,確實存在於機器人的大腦,但它主要聚焦於高階的決策與推理。為了讓機器人有效運作,還需要許多其他處理功能,來輔助 AI 程式的執行。機器人在電影中常被描繪成擁有一個統一的 AI 大腦,如同電影《復仇者聯盟二:奧創紀元》中,反派機器人的 AI 就被呈現為一顆全能、影像模糊的數位球狀形體。然而,現實世界的機器人大腦要複雜得多,也有意思得多。

機器人的大腦

機器人的大腦由數十個獨立且相互連結的演算法組成,各個演算法都針對特定任務而設計和優化。

〔附記:此種組織方式,類似於人類大腦。我們的大腦會學習專門的任務,這些心智技能以運算模組的形式表現和儲存,並在需要時調用。我的同事特寧堡(Josh Tenenbaum)和他的團隊對此主題進行了引人入勝的研究,比較了人類與機器智慧在嘗試完成類似任務時的推理方式。特寧堡希望透過研究兩者,能讓我們對彼此有更深刻的理解,既能加深對人腦運作方式的認識,也能開發出更優秀、高效的人工智慧模型。從我的角度看來,特寧堡還有一個更令人期待的研究方向,就是如何賦予機器人產生幻覺或做夢的能力,如此一來,機器人便能設想如何解決從未遇過的情境。

人類在面對這類情境時，通常應對自如，但機器人往往需要回溯過去的經驗或資料集，才能找到解決方案。〕

我們將演算法之間的連結，稱為大腦的「架構」。例如，我們有專門用於規劃的架構，也有各類學習架構。與其關注超級英雄電影中滿懷惡意、看似活靈活現的球狀大腦，不如觀察現實中的機器人。它們的大腦軟體是由個別程式組成的網絡，範圍從高層的 AI 引擎到低層的控制器，都涵蓋其中，指揮每個馬達的動作和執行的時機。

其中一個廣為使用的規劃器（planner）暨推理系統是「史丹佛研究所問題解決系統」（Stanford Research Institute Problem Solver，簡稱 STRIPS），運作原理如下：

一、從初始狀態開始：即一組量，如位置、方向和速率。在已知的情況下，這些變量可完整描述機器人隨時間的運動狀態。初始狀態代表機器人的起始參考位置，而目標狀態則定義了任務或行動結束時，這些參數的期望值。

二、明定規劃器試圖達成的目標狀態或情境。

三、確定一系列的行動。各個行動都必須包括前置條件與後置條件。前置條件（precondition）是執行行動之前必須符合的條件，通常以數學邏輯語言（邏輯公式）來表示，便於程式判斷哪些公式為真；後置條件（postcondition）是執行行動之後產生的結果，也以邏輯公式表示。

四、當序列中每個後置條件都滿足時，從一個行動進展到下一個行動。

例如，如果我要求一輛自駕車從家裡載我到辦公室，這聽來是非常普通的請求，但機器需要具體的指令，而使用像 STRIPS 這類規劃器，可讓機器人將較大型、抽象的任務切分為一連串小型、更具體的工作，讓機器人能逐步完成。

高階機器人的大腦採用階層式控制系統，從簡單的程式層層推進至錯綜複雜的抽象推理模組。其中，部分程式或模組著重學習，有些模組則是幫助機器人決策，還有一些模組是協助機器人定位，追蹤自身在實體世界的位置──這點聽起來或許並不是特別重要，但如果機器人需要從甲地移動到乙地，就必須知道甲地相對於周圍環境的位置資訊。

機器人有四層思維系統

不妨將機器人的大腦，視為一座龐大的指揮與控制中心。控制中心內，包含了許多管理特定工作的模組。這些模組必須協同運作，機器人才能有效執行任務。

人類可以在不經思考的情況下，執行許多動作與操作。諾貝爾獎得主康納曼（Daniel Kahneman）在《快思慢想》書中假設，人類思維分為兩個決策系統：系統一快速、直覺、隱性、且不甚精確，主要負責我們從事日常的體能任務（如走路、爬樓梯、扣襯衫釦子、彈鋼琴）時所做的無意識決策；系統二則較緩慢、且經過深思熟慮，通常應用於需要邏輯與專注的決策任務，例如寫程式、下棋或整理衣櫥。機器人的智能結構也有類似的分層，但若

人類的思維系統分為兩層,那機器人至少有四層。

假設我在實驗室與一名重要賓客開會。這位客人想喝咖啡,我讓機器人為她送上一杯咖啡。

機器人在規劃和執行這項任務時,機器人大腦的四層系統之間會分工合作,各層的工作重點、複雜度和運作的抽象層級,各有不同,大致如下:

一、認知層控制器（cognitive-level controller）將我的抽象請求,例如「送咖啡」,轉換為一系列具體可行的任務。它幫助機器人判定咖啡沒了的情況下,該如何是好,是訂購更多咖啡呢、前往附近商店購買呢,還是向實驗室的人類成員尋求建議。認知層控制器運作於高度抽象的層面,專門處理需要推理、解決問題和做決策的行為。

二、任務層控制器（task-level controller）負責確定機器人為了達成目標,需要執行的具體行動。例如,以取得咖啡的第一步來說,機器人必須穿過房間,因此它需要一項移動計畫;抵達咖啡機之後,機器人還需要另一項計畫來操作杯子和咖啡壺。任務層控制器屬於控制系統,專注於執行特定任務或行動。

三、高層控制器（high-level controller）負責統籌機器人各實體元件的整體運動。例如,機器人如何才能以三腳步態行走,以及如何將一條腿從當前位置移動到目標位置。高層控制器協調低層控制器的運作,確保腿部正確移動,同時考量其他條腿部和整個身體的運動與位置。

四、低層控制器（low-level controller）直接指示腳踝、膝蓋和抓爪等各個關節的馬達，具體告知它們該執行的動作、時機和時間長度。

〔附記：三腳步態（tripod walking gait）是十分穩定的運動方式，六足機器人會始終保持三條腿（底盤一側的兩條腿和另一側的一條腿）接觸地面，其餘三條腿向前移動。當移動的那三條腿接觸地面時，機器人就向前移動了，然後，負責支撐的三條腿與移動的三條腿互換角色，接著邁出下一步。〕

若我想讓機器人穿越實驗室到咖啡臺拿一杯咖啡，機器人的所有微型子系統都必須相互連結、協調一致，將從感測器獲取的數據轉化為具體的動作指令，並透過致動器實際執行。人類大腦能夠很直覺的輕鬆完成這些過程，但將這些功能建構進機器人的智能當中，則困難得多，每個步驟都必須精心編寫程式，才能實現。

協同運作可不簡單

我向學生解釋這些概念時，常用一種稍顯尷尬、但極具啟發的活動，來示範機器人如何在環境中移動。我也鼓勵各位讀者與家人或朋友一同嘗試看看。

首先，找三位志願者，蒙住其中兩位的眼睛。第一位蒙眼者是推理模組，代表認知層和任務層控制器；第二位蒙眼者代表高層和低層控制器與致動器，也就是實際移動的人。理想情況下，

兩人可以手牽手。第三位志願者代表「眼睛」或感測。

現在，看看這三人能否齊心協力，讓這對蒙眼且牽著手的組合，移動到房間另一端的門口或其他目標處。未蒙眼的人負責描述所見的周圍環境情況；負責推理和規劃的第一位蒙眼者則提出行動建議，例如「往前走三小步，向右旋轉四十五度，停下」。最後，由第二位蒙眼者執行動作，他必須根據指令，牽著第一位矇眼者一起移動。

當這對組合前進時，可在他們的路徑上，滾入或放置一把椅子，觀察他們如何應對。「眼睛」不能直接對兩人喊停，因為感測演算法的設計並不包含推理或發出命令的功能。

這項實驗通常會在笑聲中結束，但這不僅是一場有趣的示範而已，更能讓人深刻感受到看似簡單的任務背後，所隱藏的複雜議題。機器人的大腦必須在各個層面協同運作，同時還要時刻關注實現大目標的進展。

僅僅是建造一臺能穿越房間的機器人，就已如此錯綜複雜，想到如今已有機器人能在城市街道上行駛，實在值得令人驚嘆。不僅如此，全自動或半自動自駕車的實現，也為我們提供了一個絕佳的切入點，去深入探索機器人在移動過程中，大腦內部的運作機制。

第 9 章

機器人的大腦

在新加坡一座航運港口，一輛平板卡車停在十字路口。成排高聳的貨櫃首尾相接，整齊劃分成明確的區域。港口面積廣闊，數千貨櫃堆疊成了一座「貨櫃之城」。四線專用道穿梭於整齊劃一的貨櫃區之間，形成網格狀結構，道路雖繁忙，但不顯擁擠。卡車停在其中一條貨櫃通道末端，等候其他車輛通過十字路口之後，向左轉進中間兩條車道之一，然後緩慢駛入最左側的工作車道，減速至一臺巨型起重機下方。卡車精準向前移動，停住之後根據感測器顯示，停靠位置離預定位置僅有兩公分的差距。起重機隨後輕輕將貨櫃放置在平板卡車上，當感測器感受到荷重，並確認起重機鬆開抓爪後，卡車掃描周圍的交通情況，接著緩慢退出工作車道，駛回行駛車道，將貨櫃運往港口的另一區。

這輛特殊的卡車由風圖智能科技（Venti Technologies）開發，是我與好友懷爾（Heidi Wyle）和阿瑪辛格（Saman Amarasinghe）共同創辦的公司。這種機器人名為自動牽引車（autonomous prime mover，簡稱 aPM），可高效搬運貨物，相信不久以後，就會成為供應鏈解決方案的要件。

aPM 這類機器人，讓人類與機器共同分擔工作負荷，緩解產業因勞動力嚴重短缺而面臨的壓力。機器人負責協調和執行物流作業的例行工作，人類則專注於更複雜的任務。

當你聽到 aPM 之類的案例，注意到自駕計程車（robotaxi，又稱無人駕駛計程車或機器人計程車）新創公司的市場預測，或聽見某些高調的科技企業家的大膽宣言時，或許會自然而然認為，全自駕車將在一兩年內成為主流。目前已經有一些自駕計程車上路

了,全球各地也常見到其他獨立運作的機器人,例如,如今約有二千五百萬臺鷹眼掃地機器人在住宅裡巡行打掃;自動送貨機器人也已在各大校園和機場運作。只要稍加留意,智慧機器的身影隨處可見。

這些例子都並非騙局或幻想,但確實有一定程度的誤導。我們能打造以低速獨立運作的機器人,配合像新加坡商港那樣低複雜度、低互動的環境——該處車流稀少,且全年如夏。但畢竟在港口運輸貨物,比在城市運輸人員要簡單得多。無論是波士頓的交通尖峰時段,或在暴風雪等惡劣天候下行駛,想建造一輛在任何情況下都能安全運行的自駕車,我們還有漫漫長路要努力。

全自駕車時代尚未來臨

過去數十年來,機器人領域雖然取得了長足的進展,但要讓機器人在任何情況下,於現實生活中自由、快速且安全的移動,仍是一項巨大挑戰。為了說明其中的難度,讓我們嘗試組裝一輛自駕車吧。

如同任何機器人,自駕車也同樣需要可移動的「身體」和一具「大腦」。大腦是機器人的推理與決策系統,而身體在此例,則是一輛汽車。請容我以愛車奧迪 TT 為例。若要將這輛雙門跑車改造成自駕車,需要徹底改造電子系統,升級處理器,並將駕駛系統轉換為線控系統(drive-by-wire system),由電腦來控制方向、加速和煞車,而非由人手動轉動方向盤或腳踩踏板。

這在現今是可行的,所以,假設我們做到了這一步。

為了讓這輛改裝車符合機器人的定義,車輛必須能從外界蒐集資訊後輸入,並施力來產生行動,例如轉動車輪。人類駕駛開車時用視覺、聽覺和觸覺,來感知周圍環境,並根據觀察到的情況,用手腳來操控方向、加速或煞車。自駕車則必須以數據的形式蒐集外界資訊,並透過 AI 處理數據,然後產出合理的動作,例如向前行駛或左轉。因此,自駕車需要搭載感測器,如相機、雷達、光達(Lidar,為 light detection and ranging 的縮寫,這種掃描器是利用脈衝雷射來偵測距離,又稱為光學雷達)和 GPS。

我學開車時,有一次在十字路口等了三輪紅綠燈,才終於鼓起勇氣,在來車的空檔中左轉。若是經驗豐富的駕駛,停在這樣的路口時,會仔細觀察路況,留意是否出現空檔,或觀察來車是否打了方向燈或減速,然後判斷此刻是否是轉彎的最佳時機。隨後,這位駕駛的大腦會發出指令給手臂、手掌和雙腳,轉動方向盤並踩下油門,完成車輛的轉彎。

多數人類駕駛的情境中,透過雙眼獲得的視覺資訊通常已足夠。然而,對於自駕機器人而言,僅靠視覺並不夠。2016 年以來生產的汽車,多半配備了優秀的車用攝影裝置,能協助駕駛人停車、倒車,有些車款甚至能生成 360 度全景影像。但這並不代表它們能完全取代人類的雙眼,讓我們能放心鬆開方向盤,甚至在車輛自動駕駛時,小憩片刻。

電腦程式不見得總是能正確理解鏡頭捕捉到的光學資訊,即便是世上最聰明的科學家歷時數十年心血研發的電腦視覺技術,

從影像辨識角度來看，離 100% 的準確度依然相去萬里。

目前最出色的物件辨識演算法（即用於分辨場景內各種物件的程式）通常使用大型圖像資料庫「影像網」（ImageNet）進行測試。影像網包含了數百萬張影像，而這些演算法的測試準確率高達 91%，但這樣的準確率主要針對靜態物件，而非駕車時面臨動態且瞬息萬變的環境。即便路況識別的準確率能達到相同水準（這已是極為樂觀的假設），是否就足夠了呢？

自駕車「視力不佳」

91% 的準確率在學術領域（或用於自動整理相簿）也許是相當了不起的成績，但對於自駕車來說，9% 的誤差範圍完全不可接受。若我告訴你，你乘坐的自駕計程車偵測路況時，有 9% 的機率可能出錯，你還會放心上車嗎？

《華盛頓郵報》分析了美國國家公路交通安全管理局的數據發現，特斯拉的自動輔助駕駛系統共涉及 736 起車禍，導致 17 人死亡。特斯拉的自動輔助駕駛系統設計初衷，是協助車輛在高速公路行駛時跟隨前車，並保持在車道內行駛，並非完全自動駕駛。該系統要求駕駛人雙手始終握住方向盤，隨時準備在車輛軟體無法正確判斷時，即時接管控制。

特斯拉首起致命事故發生在一輛白色貨櫃車穿越道路時，自動輔助駕駛系統未能區分白色貨櫃車與遠處的雲層，最終釀成了這場因感知系統誤判而造成的悲劇。

隨著愈來愈多自動輔助駕駛車輛上路,我們需要更多關於它們行為和錯誤的資訊。2021 年 6 月,美國國家公路交通安全管理局頒布回報命令,要求汽車公司報告自駕車和目前路上數十萬輛配備駕駛輔助系統的車輛所涉及的交通事故。此類準確率統計數據通常以行駛每百萬英里的事故數來表示。根據報告,2021 年 7 月 20 日到 2022 年 5 月 21 日期間,所有通報的事故共 392 起,其中搭載特斯拉自動輔助駕駛系統的車輛共發生 273 起事故,占了絕大部分。

根據我的使用經驗,自動輔助駕駛系統在高速公路上表現不錯,但遇到惡劣天候和車道異常的情況時,很容易出現混亂。例如在車道形成或合併時,以及路面標線模糊或不清晰的情況下,系統可能無法正確判斷。特別是在施工期間重新劃分車道時,感測器可能同時偵測到舊的模糊標線和新標線,進而影響判斷。此外,我也注意到,自動輔助駕駛系統偶爾會偵測到不存在的障礙物,並突然做出反應。

這項技術無疑令人印象深刻,且仍在不斷改進,但目前依然需要駕駛人保持高度專注。依我之見,這一點短期內不太可能改變。

🤖 須先製作高精地圖

讓我們回到我的愛車。由於物件辨識技術的局限性與高錯誤率,我們需要為我的自駕奧迪配備高解析度攝影機,並額外增加

其他視覺工具,以擴展其視野。我的團隊和其他研究人員廣為研究了雷達和超音波的適用性,兩者各有優劣。然而,事實證明,最受歡迎且最有效的視覺感測器是光達。

光達通常安裝於自駕車頂部,這類雷射掃描器以高速旋轉,向各個方向發射脈衝光波。脈衝光波接觸到 300 公尺內(略長於三個足球場的長度)的任何物體表面時,會反射回光達感測器。自駕車的大腦透過計算每束光波反射回來的時間,精準算出到該點的距離。這種基於脈衝光波的測量方式非常準確,因此所有致力於部署自駕車技術的公司,都將光達視為核心感測工具。

光達每次掃描都包含了一百多萬個這樣的數據點,機器人的人工大腦透過整合這些數據,建構出詳細的立體世界模型,名為點雲(point cloud)。對人類而言,這相當於擁有幾近完美的視覺,甚至能看見背後的景象。然而,光達有一個根本上的弱點:水。光達發出的光波會被雨滴或雪花反射回來,造成干擾。同樣的,水窪也會影響光達的判斷,水面的反射會干擾光波的測量。(這也解釋了為何多數自駕車系統選在亞利桑納州等氣候乾燥的地區進行測試。)

由此可知,沒有任何一種視覺感測器完美無缺。各類感測器都有一定的不確定性,也提供略有差異的視角。但是將數種感測器結合使用,或許能達到相當顯著的成效。假設我們採取全面性的方法,為我的奧迪機器人身體配備了光達和攝影機。

現在,試想這輛車停在典型的郊區車道盡頭,面向前方,準備駛入街道。

請暫時維持這幅畫面,我們還沒有要啟動。

通常,自駕車準備行駛前,需要一張現實世界的地圖做為參考,否則機器人無法確定自己的位置和前進的方向。自駕車所需的地圖有別於我們從應用程式取出的數位街道圖,而是像前文提及的三維點雲地圖,又稱高精地圖(HD map)。人類肉眼也許無法解讀高精地圖,但機器人卻能理解,並用作參考。

為了製作高精地圖,谷歌等公司會為車輛裝設光達掃描器,讓人類駕駛反覆駕車行經特定城市的每條街道(也就是自駕車可能行駛的所有路徑),以彙編出極其詳盡的地圖,再現各條街道及周圍固定的事物,包含每棟建築的各個角落與縫隙、每根燈柱、每條長椅、每個郵筒和所有樹木、道路坑洞、路緣與街道輪廓等。一份像這樣的舊金山市高精地圖,可能需要高達四兆位元組(4 TB)的資料儲存空間,相當於一臺高效能桌上型電腦的容量。如此龐大的數據量並不過分。相較之下,開放街圖(OpenStreet Map)之類的全球地形圖只需要大約四百億位元組(40 GB)的數據,僅為高精地圖的 0.01%。

機器人需要看到截然不同於人類肉眼、且更為精細的世界。
〔附記:我的團隊正在開發新方法,讓機器人無需預存地圖,便能進行導航,我將於其他章節討論。但就目前而言,我們仍需要地圖。〕

高精地圖建立並下載到我的跑車後,自駕車便具備了即將行駛的空間的完整影像。如果我們告訴它要前往某個特定地址,這輛機器人跑車會利用攝影機和光達掃描周圍環境,偵測是否有行人、自行車或其他車輛等意外的人事物出現在附近。

第 9 章　機器人的大腦

　　光達掃描器快速旋轉，一百多萬個數據點不斷輸入自駕車的大腦。接著，一套演算法會負責處理並試圖解讀這些數據。我們稱此第一階段為「感知」（perception）。需要注意的是，此時機器人跑車尚未開始移動。

感知、定位、分割、物件辨識

　　自駕車的大腦由數十種獨立的演算法組成，每種演算法都針對特定功能進行設計和優化。就奧迪機器人跑車而言，針對感知的演算法負責理解周圍環境與動態，另一組演算法則負責處理即時傳入的感測數據，將其與儲存的高精地圖進行比對，確定車輛在地圖中的位置。此過程稱為「定位」（localization）。

　　同時，車輛還需辨別周遭哪些物件為靜態、哪些在移動。所以需要另一套全然不同的演算法，負責管理物件與障礙物的辨識和資訊蒐集。此時，攝影機就發揮了重要作用，可補充關於目標物件的額外資訊。

　　假設跑車停在我家車道上，這時一位鄰居慢跑經過。

　　光達僅能捕捉到此人粗略的三維輪廓，但如果結合攝影機提供的數據，如衣物、頭髮和肌膚的顏色與紋理，機器人將更易判定這是一名行人。

　　我可能說得有些早了，畢竟車子還停在車道上。不過，另外還有一例可充分說明光達與攝影機感測數據結合的重要性，那就是偵測交通號誌。辨識交通號誌為紅燈或綠燈，必須仰賴光達結

合攝影機數據:光達提供號誌燈的幾何形狀,攝影機則負責辨識燈號顏色。

　　回到車道上。當奧迪機器人努力辨識並分類任何移動的障礙物時,例如鄰居、車輛、卡車或寵物,演算法會分析攝影機捕捉的影像,根據像素之間的顏色、紋理、空間關係,將屬於同一物體的像素歸為一組,將影像分割成多個區域或部分,此過程名為「分割」(segmentation)。

　　下一步為物件辨識(object recognition)與添加標籤,目的是判斷分割出的物件哪些是車輛,哪些是行人或寵物。為此,我們使用了經過大量優化的機器學習模型,這些模型主要透過群眾外包的方式進行訓練,我將於第 11 章〈機器人如何學習〉詳細解釋其中的原理。但簡單說,就是我們雇用了大量人員來檢視照片或影像,為他們看見的物體添加標籤,如汽車、行人、貓、狗或公園長椅〔附記:但這造成了 AI 的偏誤問題,我們將在其他章節深入探討〕,他們將某個物件標注為車輛,另一個物件標注為行人。

　　我們蒐集了數十萬、甚至數百萬個樣本後,機器學習模型便能從人類標記為車輛的影像像素中,擷取出特定模式或共通性,並利用習得的模式進行判斷,最終辨識出未加標籤的車輛。同樣的,奧迪機器人也能利用此模型,在陌生環境中辨識物件和添加標籤。

　　但請別誤以為這是更高階的 AI,機器學習過程基本上只是在進行模式配對而已。物件辨識模型善於分辨物品,僅此而已。它甚至不曉得何謂「汽車」。物件辨識模型只曉得特定像素模式

與人類提供的「汽車」標籤相關。

我們準備好要駛出車道了嗎？為時尚早。

推理、規劃、控制

現在，機器人已經知道自己在現實世界的定位和周遭情況，系統必須決定下一步的方向。這涉及了三個息息相關且錯綜複雜的階段：推理、規劃和控制。

一旦我們告訴這輛自駕車預定的目的地（它無法自行選擇目的地），系統就會計算出通往目的地的一連串航點（waypoint）。此時，地圖會變得有些奇怪。乍看之下，我們似乎可以直接查看地圖，標記所有障礙物，然後畫一條穿越地圖中自由空間（free space）的直線，來指引車輛前進，理論上這樣應該就能讓車輛順利到達目的地。（暫且不談交通法規，我們現在有更重要的問題需要解決。）問題在於，這條直線假設車輛只有一個點的大小，即車子必須極其狹窄（和畫出的線一樣寬）。但在現實世界中，車輛是有寬度的。如果路線規劃未考慮車子的尺寸，那車輛在行駛時，極可能會碰撞停放路邊的汽車或其他障礙物。

我們或許可以配合車輛的寬度，加寬這條線，但從幾何與運算的角度來看，更簡單的方式其實是保留這條細線，但是放大障礙物的尺寸。透過增加潛在障礙物的大小，我們壓縮了車輛可自由移動的空間。如此一來，潛在路徑數量減少了，但也大幅降低了機器人撞到任何東西的可能。

試想你現在周圍的空間，無論是家裡的房間、飛機機艙或戶外的長椅等環境，假設周圍各個物體表面都有向外延伸數公尺的「力場」，允許你自由活動的空間縮小了，但並未完全消失，你仍有移動的餘地。

　　同樣的道理，當我們放大汽車地圖中的障礙物時，仍然有部分可通行的路徑，使車輛能夠在不碰觸這些「力場」或物體的情況下，順利移動。此種非比尋常的虛擬世界，即所謂的組態空間（configuration space）。

　　一旦確立了組態空間的架構，我們便可設置一系列的航點，並繪製連接這些航點的路徑。車輛將沿著這條路徑行駛，逐一通過各個航點，在避開所有障礙的同時，順利抵達目的地。

　　這種方法或許看來奇特，甚至顯得過於複雜了。為何不直接利用既有的、且充滿豐富細節的世界地圖呢？原因在於，我們已擁有經過精心調整且證實有效的演算法，能夠正確且相對輕鬆的在特殊組態空間中規劃路徑。畢竟，機器人學家也是人，如果現有的方法已經成熟且實用，無需重新發明輪子或開發新演算法，我們當然樂於採用現成的解決方案。

　　車輛移動時，可能會遇到新的或意想不到的障礙物，例如，行人或其他汽車，此時航點會視情況調整。

　　現在，我們的奧迪機器人幾乎準備好要離開車道了。

　　最後一步是「控制」，也就是向車輛的轉向、加速和煞車系統發送指令。這情景讓我聯想到年少時，終於鼓起勇氣，踩下油門、轉動方向盤，成功完成左轉時，家父多麼倍感欣慰。

第 9 章　機器人的大腦

　　控制理論已是發展成熟的科技領域，專注於利用數學方法，計算施加於車輛致動系統（如驅動車輪旋轉和轉向的馬達）的力與扭矩，使車輛按照預期的方式移動。〔附記：這通常涉及優化，取決於任務和環境的成本函數。就此成本函數而言，快速抵達目的地是正面報酬；沿途發生碰撞則屬於負面報酬。因此，優化的重點在於，找到快速抵達與避免碰撞之間的平衡。〕

　　我要再次強調，將系統升級至能控制每個車輪和方向盤，這需要對車輛的電子和控制系統進行改裝。這並非輕而易舉之事，但技術上完全可行。

不存在全能的 AI

　　現在，我們的奧迪機器人終於動了起來。我先前描述的過程都是瞬間發生的，並無單一、全能的 AI 在控制這些行動。機器人快速完成上述感知、推理、規劃和控制的循環時，其實涉及了諸多演算法，車子也不斷重複此循環。

　　此種「感測—思考—行動」的循環至關重要，而且必須快速反應。若一輛卡車突然加速轉彎，或有行人從兩輛停放的車輛之間突然衝出，自駕車必須要能即時偵測事件、推理、反應、並即刻行動，否則可能會發生事故。自駕車的反應速度取決於它多快能偵測到新的障礙物，並修正行車路徑的指令。車速愈慢，愈容易對新事件做出反應。

　　除了瞬間反應的能力之外，車輛行駛在公路上，還必須瞭解

並遵守交通規則。這一點是透過更高階的規劃器來實現，高階規劃器會根據交通法規，對交通號誌、路標和其他車輛做出反應。〔附記：1968 年，《維也納道路交通公約》制定了國際道路規則，包括道路標誌和號誌在內。〕

　　自駕車技術儘管精密複雜，但如今的機器人已能實現這些功能。2023 年 8 月 11 日，自駕車公司威莫（Waymo）和通用自動化巡航（Cruise）獲准在舊金山指定區域內，提供二十四小時、全年無休的付費載客服務。初期結果好壞不一，其中一輛通用自動化巡航車陷入了溼水泥中。即便如此，如今能用手機預訂並搭乘自駕計程車，依然讓我感到不可思議。特斯拉的自動輔助駕駛系統雖有局限，但依然令人讚嘆。

　　早在 2014 年，我們實驗室就研發了一款能在單純環境中安全運行的自駕車，並公開讓民眾體驗。我們在新加坡實驗室附近的裕華園進行測試。這輛類似高爾夫球車的多人座自駕車，沿著小徑安全行駛，避開行人、自行車、蜥蜴和其他障礙物，讓自願受試的乘客驚嘆不已。他們格外期待自駕車技術能幫助他們年邁的父母和其他無法開車的人。

　　另一次前往新加坡時，我參觀了一處退休社區。當時正值正午時分，我發現住民在一間悶熱的房裡唱著卡拉 OK。起初我以為他們玩得很開心，但社區管理人員解釋，這些長者其實更希望能見見朋友、逛街、參拜寺廟或散步，但他們需要看護人員協助移動，然而社區人手不足，於是他們只能困在這間卡拉 OK「蒸汽室」裡。

如果此時有一輛簡便的自駕高爾夫球車,這些長者便能享有行動自由和獨立性。即便面對年邁常見的身體障礙,例如反應變慢、視力或聽力衰退,他們也能安全遊覽社區、參拜寺廟,或與朋友一同購物,而且不會危及他人和自己。機器人可將老人家安全送達每個目的地,幾乎或完全無需他們操控。

自動駕駛的五個級別

這類應用確實可能,但如果是讓長者能前往全國各地探訪親友的全自駕車,我們目前的成果還差得很遠。美國自動車工程師學會(SAE)在 2016 年首次定義了交通運輸自動化的五個級別,此後幾年也不斷更新。

在第一級和第二級中,駕駛人必須主動控制車輛;但是在第二級(又稱為部分自動駕駛),先進駕駛輔助系統(Advanced Driver Assistance Systems,簡稱 ADAS)可在部分操作上支援駕駛人,例如:停車、主動式定速巡航控制(ACC)、車道偏離警示或行車安全間距警示等功能。這些功能基本上就像防鎖死剎車系統(ABS)的先進版。車輛可執行某些動作來輔助駕駛,無需等待駕駛人批准,但駕駛人仍保持對車輛的控制。

第三級又稱為有條件自動駕駛(conditional automation),車輛在適當情況下,可管理大部分的駕駛工作,包括監控周圍環境。但當系統遇到無法處理的情況時,會要求駕駛人迅速介入,而且可能是在極短時間內通知。因此,駕駛人必須時時保持專注,隨

時準備接手。奧迪 A8 的塞車自動駕駛系統，就是一例。此系統設計用於時速低於六十公里的塞車情況，負責執行所有加速、轉向和剎車操作。然而，截至本文撰寫時，這項技術仍未獲得監理機關核准，無法上市，但技術上已經可行。

當車輛能在部分環境中，以無人操作模式運行部分時間時，我們稱之為第四級自動駕駛。aPM 的港口應用就是典型案例，這必須歸功於高度可預測的運行環境。

至於第五級自動駕駛，車輛必須在所有環境下，隨時處於全自駕模式。目前，這樣的技術尚不存在，我們還有許多工作未完成，例如改進感測器、研發更快速的處理器以即時推理和決策、以及增強演算法等等。

多年來，我們仍未完全克服 2014 年所遭遇的所有障礙。無論一些精心製作的宣傳影片如何暗示，其他研發人員也同樣未能完全解決這些挑戰。如今，許多汽車配備了類似特斯拉自動輔助駕駛系統的功能，提供第二級或第三級的駕駛輔助服務。特斯拉聲稱，其車輛已具備實現全自駕所需的所有硬體，只需透過未來的軟體升級、並等待監理機關的核准即可。然而，我對此仍心存疑慮。

自駕車在雨雪天氣中無法正常行駛，此問題根源於硬體，而非軟體的缺陷。至今，自駕車成功與否，依舊取決於三個核心問題：

一、環境究竟有多複雜？範圍涵蓋沙漠中筆直且空曠的高速公

路（容易），到複雜的城市街道、蜿蜒的冰雪山路、或大雪天候（困難）。

二、行駛速度有多快？從安全的低速（約時速 40 公里）到高速（時速 90 公里以上）不等。

三、和其他物件或主體的互動有多複雜？範圍從空無一車的道路，到尖峰時段的熙攘城市不等。

如果我們將這三個因素分別繪製成三條獨立的軸（x 軸、y 軸、z 軸），現今要讓自駕車安全有效運行，三者中至少兩者需要接近原點：即低速、低複雜性、或和其他車輛互動最少。例如，在小型封閉社區、大型停車場、校園、港口、工廠場地、或少雨的郊區等環境中，只要自駕車可以低速行駛，且周圍環境變化不快，便能安全的運送貨物或載客。此外，自駕車也可以應用於某些公路，例如港口周圍的道路，或舊金山之類的天氣溫和且地圖精準繪製的城市。

「守護者」駕駛輔助系統

雖然學界正努力實現第五級自動駕駛，但還有一種選擇是開發愈來愈智慧的駕駛輔助功能。

我與友人卡拉曼（Sertac Karaman）、我們的學生，和豐田研究院的研究人員合作，共同開發了守護者系統（guardian autonomy），可視為是並行的自主系統，亦是共享駕駛的解決方案——由自駕

軟體與人類駕駛共同操控車輛，但人類駕駛仍有主控權。

守護者系統的目標是：利用比肉眼更廣泛的感知系統和晶片驅動的推理引擎，確保駕駛人不犯錯。例如，當駕駛人以過快的速度接近髮夾彎時，並行的自駕系統會減速來協助駕駛人，但不會過度干預或擾人。我們將會開發監護共享控制軟體，系統只在必要時才會介入，而且干預程度小，不會明顯改變駕駛人的操作意圖，旨在確保行車安全。

在此模式下，駕駛人仍負責應對複雜路況，但守護者系統能增強駕駛人的感知能力，使其成為更優秀、安全的駕駛人。如果這樣的願景能夠成真，也就是我們能成功結合人性與科技，未來將能大幅減少道路交通事故。

看來我們不僅有所進步，還是大躍進呢。那麼，可以讓自駕車在巴黎凱旋門的圓環行駛？或是應對巴西聖保羅的交通嗎？

〔附記：一共有十二條筆直的大道通往凱旋門，包括香榭麗舍大道。每條大道都有多條車道匯入圓環，而圓環的車道數高達十條，而且沒有任何道路標記，因此車輛以一種混亂無序的方式繞行圓環。〕

我們離這樣的目標，還有一大段距離。這些環境實在太混亂複雜了。話雖如此，從機器人學界另一個次領域的角度來看，自駕車需要克服的障礙，相對還算簡單。

第 10 章

靈巧操作

我就讀研究所時，那時的機器人多半又大又笨重又吵雜。有一天晚上，我和幾位同學突然有個點子，隔天就是我們敬愛的教授唐納的生日。我們心想，何不買個蛋糕，寫程式讓機器人來切蛋糕，藉此感謝他對我們的教導？我們之中無人建立過這樣的系統，但這不重要。我們熬了一整晚寫程式，並為一個工業級機器手臂裝上一把嚇人的利刃。由於時間緊迫，我們沒能為這把刀製作合適的固定裝置，於是用了半卷膠帶將刀柄牢牢固定於機器手臂上。

　　第二天，蛋糕準備好了，機器手臂也被推到了蛋糕旁。我們邀請又驚又喜的教授進到實驗室。

　　我們啟動了機器手臂，運行了程式，結果眼睜睜目睹一場災難上演。我們寫程式時，假設蛋糕是柔軟的海綿蛋糕，但買蛋糕的同學卻買回了一個長方形的冰淇淋蛋糕。由於蛋糕的硬度出乎意料，機器人整個失控。機器手臂開始用力敲打蛋糕，甚至在空中揮舞。一名學生狼狽閃避，糖霜四處飛濺。

　　隨後，有人冷靜走上前，按下了機器人底座上大紅色的停止按鈕。蛋糕毀了，但唐納教授卻很高興，大笑道：「這是一個奇點！」所幸無人受傷。

　　我從這次經驗獲得了幾個教訓。首先，永遠別忘了設置一個紅色緊急按鈕、可拔掉的插頭，或其他能關閉系統的方法（現今機器人都具備此功能）。其次，這次事件讓我深刻體會到，在現實世界打造一臺能觸碰和夾取物品的機器人多麼困難。我們將這個機器人技術的次領域，稱為自主操作或靈巧操作（autonomous or dexterous manipulation）。如果機器人要走出工廠的圍籠，發揮它們的潛力，就必須學會如何與世上其他物件或人類安全有效互動。我們希望機器人能完成精細的操作任務，例如更換燈泡。我希望它們能安全且靈敏，足以伸手幫助跌倒的人重新站起。我也希望有個機器人能在晚宴後收拾餐桌，讓我的客人都能悠閒享用咖啡或餐後酒，不必為清理擔憂。

靈巧操作不簡單

問題在於：從工程和程式設計的角度來看，建造能飛往火星的機器人，還遠比製造能清理餐桌的機器人更容易。

在已經有自駕車的世界裡，這怎麼可能？關鍵在於，自駕車或在火星表面巡航的機器人主要運行於自由空間。這些機器不和其他實體世界的物體或生命接觸；反之，它們的目標正是避免互動。而我們非常擅長製造這種能移動並避免接觸互動的機器人。

但設計一臺需要與現實世界互動的機器人？這就是另一種難題了。假設你需要更換床頭燈的燈泡，對人類來說，這件事輕而易舉。我們伸手進燈罩，輕輕但穩固的按住燈泡，然後轉動它。當燈泡從燈座中鬆開後，將燈泡取出，放在安全處，然後擰上新燈泡。

現在，試想一下，機器人完成這項任務需要什麼要件？假設機器人已經知道該換燈泡了。簡單起見，我們先跳過如何讓機器人抵達床邊，直接聚焦於機器人的身體。

機器人需要一條手臂，能移動到空間中的不同位置。此外，機器人需要配備攝影機或其他感測器，以提供床頭燈周圍環境的資訊。機器人還必須具備決策能力，以便選擇手臂的最佳移動路徑，並在機器手臂移動到床頭燈的過程中，避免打翻床邊桌上的水杯。接著，機器手臂末端必須配備一隻「手」或夾爪，還得足夠靈活，能抓取各種形狀和材質的物品。這隻機器手不僅需要能施加適當的力，還必須具備力量感測和其他回饋機制，避免壓碎物品，還得在行進過程中察覺是否碰到了意外的障礙物。此外，機器人還應該知道如何正確握持物品。我可不希望自己的機器人在清理餐桌時，因為不曉得如何維持酒杯直立，便將半滿的酒杯橫向拿起，把波爾多紅酒全灑在地毯上。

儘管如此，讓我們假設上述所有問題都已解決。

機器人來到床頭燈附近時，需要能清楚看見燈罩與燈泡之間的空間，以便規劃如何將機器手移動到可抓住燈泡的位置。若機器人成功完成這部分任務，並且沒有碰倒燈具，那接下來，它必須釐清如何以足夠柔和的力道握住燈泡，避免將燈泡捏碎，同時又要夠用力將燈泡旋開。這既是「大腦」的挑戰（如何規劃與整個任務相關的步驟，並從高層控制轉換到低層控制），也是「身體」的挑戰。機器人需要一條靈活且纖細的手臂，以便抵達燈泡所在的位置，同時還需要一隻適合抓取燈泡的機器手或末端效應器（end effector）。對機器人來說，這是無比複雜的任務，但對人類而言卻再簡單不過！就靈巧操作而言，一個兩歲孩子都遠比我們最先進的機器人要進步許多。

第 10 章　靈巧操作

🤖 烘焙機器人

我和朋友當年嘗試建造切蛋糕機器人時，雖然時間緊迫，但當時我們的運算和機械資源也遠不及今日的機器人學家。如今，此一領域已取得了巨大進步，如今我們不僅能打造切蛋糕的機器人，甚至還開發出能看蛋糕食譜、備料和烘焙蛋糕的機器人。這臺烘焙機器人（Bakebot）彰顯了機械操作的諸多挑戰，也展示了這領域的應用潛力；而且，它還能製作我最喜愛的甜點──澳洲巧克力阿富汗餅乾。

我們實驗室第一代的烘焙機器人，是從 PR2 改造而來。PR2 是當時流行的人形研究機器人，擁有兩部立體攝影機和充當「眼睛」的雷射掃描器，還有兩條機器手臂，搭配靈巧且具備力量感測功能的夾爪，以及能在平坦表面移動的輪式底座。不過，如果要將烘焙機器人改為家用的話，我可能會設計更纖薄柔軟且靈活的機身，也許還會為它加上一條圍裙。不過，目前我們還是先專注於它的任務吧。

試想，我要舉辦一場晚宴，並將準備甜點的重任交給烘焙機器人。烘焙流程始於一份食譜。

食譜通常是以英語等人類理解的語言所寫，但機器人對自然語言的理解能力還不夠強。AI 可以讀取文字，並根據先前訓練的大量文本資料，預測接下來應該出現的詞語或短語，也能以驚人的準確度進行語言翻譯，比如從英語翻譯成法語。然而，它們並不真正理解這些詞語的含義。因此，機器人必須先將食譜轉換

成它能理解的語言——每個書面指令都必須翻譯成機器人可實際執行的動作或一系列動作。

對人類而言，備料工作相對簡單：只要將正確的食材倒入攪拌碗中，混合，然後加入更多原料，再次混合，直到達到均勻的狀態即可。我們不會刻意思考如何進行這些步驟，只是自然而然就完成了。但對於機器人而言，還需要更詳盡的指令。

假設我像烹飪節目一樣，將所有需要的食材以「各就各位」的方式擺放整齊。奶油放在一個碗裡，糖在另一個碗裡，麵粉在第三個碗裡，另外還有裝著家樂氏卜卜米和可可粉的碗，以及一個空的攪拌碗和蛋糕模。

一開始，食譜要求將奶油和糖混合在一起。機器人必須檢視桌上所有的碗，分析它們的內容物，並辨識每個碗中的食材。若糖和麵粉都是白色，機器人就必須使用顏色以外的方法來區分兩者，也許是利用機器學習引擎，辨識食材的顆粒大小。於是機器人便知道顆粒狀結晶體是糖，而細粉狀的是麵粉。

機器人辨識出糖和麵粉的差異，並知道奶油、糖和攪拌碗的位置後，就能進入下一階段。

現在，烘焙機器人必須制定計畫，讓它的一隻機器手從當前位置，移動到靠近盛有奶油的碗邊，以便抓住碗的一側。此處，我們採用了逆向運動學（inverse kinematics）技術，從目標回推，找出達成目標或最終狀態所需的步驟。

簡單來說，機器人知道它需要將機器手指和機器手移動到碗邊某個特定位置，接著計算出實現此目標所需的動作序列或行動

程序。此時需要動用高層控制器和低層控制器,明確告訴機器人肩部、肘部和腕部的馬達該做什麼。各個關節都能用不同方式旋轉和移動,因此烘焙機器人必須計算每個關節需要施加多大的力和扭力、持續多久和執行順序,才能將機器手移動到碗邊,同時避免碰撞其他物品或自身。

機器人研究人員已針對正向和逆向運動學,開發出相關的數學演算法,這主要取決於機器手臂的結構,而且高度複雜。不過基本上,我們已經知道如何實現此過程了。

當機器人完成這項初步任務,並將機器手移動到碗附近時,烘焙機器人會輕輕夾住碗的邊緣,來確認碗的存在及攝影機是否準確。機器人頭部的攝影機會驗證機器人手中的物品確實是裝有奶油的碗,然後烘焙機器人會把碗拿起來。

最後一公分問題

我在此的描述其實過度簡化了整個過程。這項操作實際上困難許多。我們在機械操作領域,稱此為「最後一公分問題」(last centimeter problem)。

我們已經非常善於將機器手臂移動到目標物附近,但最後一步的動作往往相當棘手,原因在於機器手臂的機構設計無法達到完全精確,最終機器手的位置通常會有些微誤差。如果機器手的位置與試圖抓取的物品未對齊,抓取可能就會失敗。此外,如何將機器人的手指放在正確的位置進行抓取,也是一大問題。工業

機器人的機器手通常是兩個鉗子狀的設計，我們稱之為「雙棍末端效應器」（two-stick end effector），通常由硬塑料或金屬製成。用這樣的工具抓取物品，需要與人類用兩片指甲拿取物品時相同的精確度。〔附記：我們是否可能開發出更好的機器人手部軟硬體，使其更具彈性，以應對控制和放置的不確定性？我相信答案是肯定的。〕

以本書為例。若你正在閱讀的是紙本書，試著抓住左上角，翻回前一頁，然後再返回此頁。對大多數人來說，這個動作毫不費力。

現在試著回想一下你剛剛做了什麼。我自己也嘗試了一下。首先，我必須將手移動到正確位置，此過程涉及手臂、肩膀和背部的各個肌肉。然後，我啟動前臂肌肉將手內旋，使手掌與頁面平行。接著，我用拇指輕輕按壓頁面，同時用食指將這頁和其他頁分開，然後，我捏著書頁頂端，重新啟動手腕、手臂和肩膀的肌肉，將書頁翻回來。

對人類來說是自然而然的動作，對機器人來說卻是高難度的挑戰！

假設機器人用三根機器手指抓住一顆燈泡。物體與機器手之間的摩擦力，會因接觸點或每根機器手指的觸碰位置不同而有所差異。例如，機器人的兩根手指可能壓在螺紋燈座上，第三根手指可能接觸到玻璃燈泡。如果整顆燈泡從機器人的手中滑落，每根機器手指感受到的情況也會有所不同。機器手指上的壓力感測器會告訴機器人，手指與玻璃或螺紋金屬燈座的接觸點發生了什麼情況，但整顆燈泡的狀態呢？機器人需要將這些非常具體的局

部資訊抽象化,並與它的攝影機或其他感測器所看到的資訊連結起來——例如,燈泡正從它的手中滑落。

設計機器手和引導它的演算法,需要對涉及的力量有深刻的理解。我在討論達文西機器手臂時,曾提及友人索爾茲伯里(見第 116 頁),他在這個領域便有相當深遠的貢獻,部分原因在於他極具天賦,能夠直觀設想機器手與物體接觸時的作用力。索爾茲伯里不同於多數從事機器人研究的人,他無需透過寫程式模擬這些力的分布與變化,而是能直接在腦海中準確想像出來。

我們在設計機器手時,還需要決定它該有幾根手指。研究顯示,只要三根手指,就足以穩定抓握多數的物件。因此,許多機器手都僅配備三根手指,原因是我們想要力求簡單。然而,索爾茲伯里指出,四指機器手能提供一些有趣的功能:其中三根手指可以穩定握持物體,第四根手指則可以在物體表面移動,讓物體在機器手裡轉動、操弄,研究角度或偵測材質和硬度的變化。

我的博士論文主題是關於機器手部的物體操作,當時我也曾研究過這個想法,並運行了我稱為「手指追蹤」(finger tracking)的演算法。

能分類回收物的機器人

但先讓我們回到那場想像中的晚宴。

在廚房裡,機器人牢牢握住了攪拌碗。如果碗開始滑動,機器人手指的感測器會偵測到移動,並將數據傳送到機器人大腦。

然後,大腦會指示手部馬達加強握力,以防止碗滑落,但又不至於太用力,以致手指壓壞或弄裂攪拌碗。

烘焙機器人將奶油倒入攪拌碗中,接著加入麵粉、可可粉和卜卜米。一手握住碗的邊緣,保持穩定,另一手拿著刮刀,開始攪拌。下一步是將麵糰刮到烤盤上,相對比較簡單。之後,機器人端起放著餅乾的烤盤,確保平衡,穿過房間,將烤盤放進預熱好的烤箱。預設時間到了之後,機器人將烤盤從烤箱中取出,放在一旁冷卻。最後,當餅乾冷卻到可以輕鬆取下時,烘焙機器人便會將餅乾送到我的晚宴客人手中。

雖然我沒有在家嘗試過,但是我們在實驗室進行了類似的實驗,烤出來的餅乾十分美味。然而,建造這臺機器人需要投入大量的努力,但它完成的卻只是相對簡單的操作任務。製作餅乾涉及形狀可預測、堅硬的碗和其他廚具,且食材固定,機器人可以學習辨識並監控攪拌過程和混合過程中的變化。至於其他家務,比如摺衣服呢?這將更具挑戰性,一個普通、裝滿的洗衣籃裡可是混雜著各種尺寸、形狀和圖案的襯衫、褲子、襪子和內衣。

話雖如此,我們已經製造出能分類回收物的機器人。例如,我們的回收機器人(Rocycle)可以站在輸送帶前,透過觸覺、視覺回饋和附加的金屬感測元件,區分它拾取的紙張、金屬和塑膠製品。我們為機器人的身體添加的金屬感測元件,讓它變得更智能、更強大了。當回收機器人無法確定某個物品是紙張還是塑膠時,它會輕輕擠壓該物,並根據物品的變形程度來判斷是紙還是塑膠。塑膠比較堅硬,回彈手指的力度會比紙類更大。因此,這

些「靈敏」的手指有效提升了回收機器人的智能程度。

這也讓我們回到機器人身體和大腦之間的微妙互動。

有觸覺的機器人

我剛開始研究機器人技術時，所有夾爪都是硬式的，主要由兩根指狀鉗子組成。為了抓取一個物體，機器人必須仔細偵測它的幾何形狀，並進行一系列運算，以估算出最佳的兩個施力點，進而達到穩定的抓握。但是這種方法並不理想，需要耗費大量的 AI 運算能力。

試想單用你的指甲去舉起一杯紅酒。原則上是可以辦到的，但我不建議你用紅酒來測試，因為這樣的抓握非常不穩，指甲尖端和玻璃之間的任何接觸點一旦滑動，都可能會導致紅酒濺出。

現在，改用指尖的柔軟指腹，或用拇指和食指抓握。這樣，你可以在更大的接觸面積上，施加更均勻的力和扭力。更重要的是，你能穩穩舉起酒杯，不會灑出一滴紅酒。

同理，當我們從硬式的鉗子轉向軟式的機器人手指時，便不需要如此精密的計算。某種意義上來說，我們減輕了機器人大腦的負擔，柔軟的手指能提供更多的抓握方式和位置選擇。當我們為這些軟式手指添加觸覺和壓力感測器時，我們亦可獲得更多資訊，比如抓握是否牢固，或物品是否正在從機器人手中滑落。如此一來，機器人便可依靠「觸覺」進行操作。

我們在機器人手部的開發和控制它們的大腦設計方面，仍有

大量工作要完成，但目前的進展已經遠遠超越了讓機器人切蛋糕的階段。如果我們能以當前的速度持續推動這些技術發展，不難預見未來機器人將在生活各領域執行各種任務，也許機器人會成為醫院、老人照護和兒童照護機構中的得力助手；或在工廠和倉庫從事高風險職務；甚至是在不宜人居的環境中，執行更危險的任務，協助我們探勘從深海到外太空的一切。

　　但是，如果我們希望機器人無論在操控物品、還是自由移動方面，都能真正發揮潛力，那就必須賦予它們學習的能力。

第 11 章

機器人如何學習

我喜愛滑雪，兒時便學會了這項技藝。儘管由於工作上的責任，我無法常常待在雪道上，但我深感慶幸，自己不必每次都從頭再學如何在山上順利滑行。即便已經有一年多沒滑雪了，只要滑幾回，我便能很快找回當初的感覺。

這不代表我天賦異稟。通常，人類只需學習這類技能一次，就能終身不忘。我們會在腦中建立並訓練一個滑雪的模型，日後便能隨時回憶、並運用這個模型。若我每次都必須規劃從山頂到山腳的每個過彎，我的速度恐怕會慢得像樹懶一樣。反之，我只需要開始滑雪就好。俗話說得好，「就像騎自行車一樣」，其實有它的道理。我們一旦學會一項技能，通常能夠持久記住，並在需要時加以運用。

試錯法：強化學習

如果我們希望機器人擁有本書中所描述的能力，它們將需要超越硬體工程或軟體設計的解決方案；它們必須能夠挖掘數據，研究自己和其他機器人的過往經驗，進而理解過去發生的事、預測未來、思考下一步行動和如何執行。它們必須具備學習能力，並和其他機器人分享所學知識。〔附記：有些工業機器人不具備學習能力，但它們會一再執行相同的重複性任務。〕

具備學習能力，有助於精簡機器人的高階推理和規劃過程，使機器人能夠以我們預期的速度運行。我的同事卡爾布林（Leslie Kaelbling）和洛薩諾－佩雷茲（Tomas Lozano-Perez）一直在從事這方

面的研究。機器人若能如此,就無需仔細規劃每個動作,而是能夠直接執行計畫,這就像康納曼所說「快速、直覺思維」的電腦科學版本。

同理,當我站在雪坡頂端時,我會大致評估一下環境,心想自己能根據過去的滑雪經驗,應付任何突如其來的饅頭坡或是冰面,然後我便出發了。

想想你自己的日常活動:早上出門時,你毫不猶豫轉動門把開門,這一切都自然而然,無需多想。若是機器人無法學習並借助過往的經驗,那執行任何任務時,都必須有計畫的協調每個動作(包括驅動關節的馬達),正如上一章討論換燈泡的例子所提到的。

人類並非不做計畫;我們在不同的抽象層面上,進行了大量的規劃。但我們也會從過去經驗和可得資料中學習,這使得我們能夠更高效、迅速、很熟練的制定計畫,並付諸行動。例如,當我們換了新的智慧型手機時,可能會感到有些困惑,因為熟悉的按鈕不見了,或是應用程式的排列方式有所不同。但我們會嘗試使用新裝置,不久後,我們就能像使用舊手機一樣,快速且高效的操作它。又例如,嬰兒得花上數週或數月時間,學習操縱身邊的物品,但一旦他們成功抓住奶瓶或配方奶幾次,並因而獲得了營養的獎勵後,便會記住這技巧,重複幾次後,便能按指示在不假思索的情況下回想、並執行此動作。

獎勵是學習過程中的重要環節,我們同樣會對機器人使用獎勵。假設我們希望機器人學會「火是危險的,水是安全的」,我

們可以建立一種電腦模擬環境，讓機器人自行在虛擬空間中學習區分二者。每當模擬機器人接近火源時，系統就會給它扣分；當它接近水源時，系統則會加分。假設我們設定了明確的目標，例如目標是累積最高分數，那麼程式便會逐漸學會避開火源（因為接近火會扣分），並向水靠近（因為這樣可增加分數）。經過幾輪重複後，機器人便能有效學會「火是危險的，水是安全的」的觀念。

這種試錯法又稱為強化學習（reinforcement learning），能應用於許多機器人的任務和技能。布朗大學機器人學家泰雷克斯（Stefanie Tellex）的團隊曾進行一項實驗，讓「百特」（Baxter）人形機器人嘗試自學如何拿取各類物品。穩定抓握物品會視為正面結果，例如，成功拿起並握住一支筆不掉落；而掉落或未能拿起物品，則視為負面結果。

機器人學家無需監督這項實驗，而是由機器人獨自運作，自行嘗試用各種方式拿取不同物品，並記錄有效和無效的方法。例如機器人學到，當它拿起壓蒜器時，對較輕物品有效的抓取方式並不太適用於這款相對較重的廚具。機器人用力搖晃幾下後，壓蒜器便掉落了。於是百特調整了握持方式，直到劇烈搖晃也不會讓壓蒜器脫手。最終，百特機器人教會了自己更適合且穩固的抓握方式。久而久之，百特機器人能運用這些試錯經驗，建立起各種物品抓取方式的模型，從吸管杯到鹽罐，無所不包。

當時，全球各地的實驗室約有三百臺這樣的人形機器人。泰雷克斯推測，如果這三百臺人形機器人全都專注於學習如何拿取

物品,並互相分享它們的知識和經驗,不到兩週的時間,它們便能集體自行學會拿取一百萬種不同物品。相反的,若我們想自己訓練這些機器人,用教學或編程的方式,讓他們一次學習拿取一種物品,以每天學會拿三件新物品的速度來計算,那麼學會一百萬件物品,大約得花上一千年的時間。

〔附記:如果機器人擁有更軟性的手部,如上一章所討論,便可更快自行學會拿取更多種物品。〕

反覆進行模擬訓練

在現實世界中教導機器人學習,確實有諸多益處,但即便機器人能夠獨立學習,並在我們睡著時繼續進行實驗,進展仍然相對緩慢。另一方面,模擬學習則能大幅加速進程。

我的同事阿格拉瓦(Pulkit Agrawal)和他的學生,試圖教一臺迷你機器獵豹在不同地形上行走和奔跑,他們建立了模擬訓練程式,不是一次只訓練一隻虛擬獵豹,而是讓數千隻虛擬獵豹的實例(instance)同時進行行走訓練。此外,這些實例彼此交流,互相學習,並分享彼此的成功與失敗經驗。

首先,基本的自然律和物理定律被編寫進虛擬環境中。虛擬獵豹有一明確的目標:以最快的速度穿越地形。隨後,程式開始進行各種嘗試。研究人員並未告訴虛擬獵豹該如何奔跑,他們只給了它一個目標「跑快一點」,然後便將它置入模擬世界,讓程式自行找出達成目標的方法。

最初,虛擬獵豹的腿以千奇百怪且意想不到的方式移動。如果模擬的虛擬獵豹跑了五公尺後摔倒,便會嘗試另一種策略;但如果新方法只讓它跑了三公尺,它可能會回到先前的策略並做些調整,最終跑到六公尺。經過四千次的嘗試和無數次笨拙的錯誤起步和跌倒後,虛擬獵豹學會了如何協調動作,並在前進時保持平衡。這隻虛擬獵豹最終自己學會了奔跑。

當程式完成模擬訓練後,阿格拉瓦和他的團隊便將這個精心調整的模型,移植到實際的機器人大腦中,並在現實世界進行測試。這隻迷你機器獵豹不僅學會了行走,還打破了足式機器人的速度紀錄。

強化學習開創了無限的可能性。我的學生正在利用與阿格拉瓦類似的技術,教機器人跑車如何賽車。OpenAI 實驗室的機器手則是結合了試錯法與推理,成功解開了魔術方塊。OpenAI 的機器手學習了如何控制手指的馬達和手掌的方向,繼而改變各個小方塊的配置,解開了魔術方塊,而且不會讓魔術方塊滑落。例如,機器手透過在虛擬環境反覆試驗,確立了將魔術方塊放在掌心,並用手指旋轉最上層的平面才是有效的技巧,這樣它就能在穩穩抓握的情況下,迅速操控魔術方塊。

〔附記:有趣的是,OpenAI 是改良了具十五年歷史的機器裝置——影子機器手(Shadow Robot Hand)來實現這個成果。由此看來,有別於我進行博士研究的時期,如今機器人的身體發展速度已超越了大腦。〕

模擬訓練還能幫助機器手學會處理意外情況。OpenAI 的研究人員開發了一種方法,每當虛擬機器手成功解開魔術方塊夠多

次後,模擬環境就會變得更具挑戰性。例如,魔術方塊的大小或手指與魔術方塊之間的摩擦力會有所變化。虛擬機器手正是在各種情況下進行自我訓練,努力在更高難度的模擬環境裡,達到相同的表現。

一旦虛擬機器手足以因應模擬環境的各種隨機變化和調整之後,研究團隊便會將其移植到真實機器手,結果同樣出色。這些虛擬訓練讓實體機器手即使面對研究人員故意的干擾,例如,將兩根手指綁在一起、把毯子丟在它上面、用筆戳它、甚至用長頸鹿絨毛玩具推它⋯⋯等等從未遇過的情境,也能順利解開魔術方塊。

不必試錯:模仿學習

儘管強化學習經證實十分成功,但必須經過多次迭代,因此運算成本極為高昂,無論是從運行學習程式所需的算力或相關電力、或實際所需的資金來看,都是如此。

此外,強化學習的結果也較難以預測。模擬訓練也許會產生有效或看似有效的演算法或系統,但由於你是讓系統自行學習,並未預寫程式或告訴機器人如何完成你希望它執行的任務,所以難以確知機器人出現某些行為的原因。因此,我們也難以保證系統總是能順利運作,或預測它在意外情況下的反應。同樣的,如果出現錯誤,也很難解釋問題的根本原因。

讓我們再回到自駕車的案例。我們需要自駕車學會如何應對

並分享它們所學的知識,因為我們無法針對各種可能的路況編寫程式,讓它們做出適當反應。別忘了,自駕車的大腦由多個模組組成,包含感知、定位、物件偵測、規劃和控制。倘若我們要手動編程所有內容,每個模組都必須針對各種可能的道路情況進行微調,例如,有無車道的街道、市區道路、鄉間小路、白天和夜間駕駛等等。即便我們知道所有可能情況,這也是一項極其艱難的任務。更何況,我們根本無法掌握所有情況!遠遠不行!

我的團隊採用了結合現實經驗與模擬學習的方法,幫助自駕車在不依賴龐大資料集的情況下,妥善應對突發情況。在其中一項專案裡,我們讓人類駕駛開著半自駕車在波士頓行駛數小時,記錄所有相關數據,包括車輛周圍環境的感測器數據,以及駕駛人如何應對各種情境的反應數據。

接著,我們建立了一個程式,追蹤人類駕駛行為與感測器偵測到的各種環境特徵之間的關聯。例如,如果人類駕駛在前車開始減速時,施了點力在煞車上,系統便會將這種溫和謹慎的煞車操作,與前車的減速行為建立聯繫。透過此種方式,人類駕駛相當於在教機器人如何開車。

這種機器學習方法稱為模仿學習(imitation learning)。不過這種方法有個問題:它受限於所蒐集的數據。因此,如果人類駕駛從未遇過必須緊急煞車或突然轉向閃避另一輛車的情況,那我們便無從得知根據這位人類駕駛的經驗訓練出來的自駕車,在面對突發情況時能否適當反應。我們絕不希望機器人在現實世界中透過試錯來學習,畢竟讓青少年開車上路已夠叫人捏把冷汗了。

有一種補救之道是盡可能讓我們的自駕車更常上路，我們可以派更多駕駛人開更多的自駕車。谷歌旗下自駕車子公司威莫，已在現實世界行駛超過兩千萬英里，但多數研究人員並沒有足夠的資源來經營如此大規模的專案。因此，我的團隊建立了一個模擬環境，名為「前景」（VISTA，現為開源軟體，可從 vista.csail.mit.edu 下載），讓我們能擴展從人類駕駛蒐集的較小資料集。

每一次的行駛都可以在模擬環境中進行調整，創造出所謂的極端案例（edge case），例如因駕駛人過於衝動而引發事故。我們不需彙整和處理涵蓋數百萬英里數據的龐大資料集，也不必等到自駕車遇到粗心的駕駛人。相反的，我們可以將一次平平無奇、安全的行駛，變為一場難以捉摸、混亂的駕駛過程，隨意創造出各種困難情境和駕駛情況。如此一來，我們便能訓練自駕車在遇到類似困境時，適時做出反應。

我們無法編程所有情境，畢竟我們無法想像出各種狀況。但我們可以在模擬環境中訓練機器人面對各種極端案例，讓它在遇到前所未見的情況時，能妥善反應，就像 OpenAI 的機器手在解魔術方塊時，能忽略長頸鹿絨毛玩具的干擾，或像訓練有素的物件辨識演算法，能在從未見過的場景中辨識出樹木一樣。

深度學習

機器人有許多不同的學習方法。截至目前，我僅觸及一二；本章之後將有專門介紹其他方法的章節。然而，當今諸多應用

最終都採用了機器學習方法的特定一個分支——深度學習（deep learning）。深度學習的應用日益普遍且功能強大，對機器人學習和感知也影響重大，因此，我們必須更深入探究此概念。

機器學習的成功可追溯至1970年代早期的電腦視覺研究。當時，研究人員在開發能自動辨識二維影像特徵的系統。最初，他們使用一張黑白照片來評估和訓練系統，照片中的人物是一位戴帽子微笑的女性。隨後，研究人員擴大了資料集，加入汽車等其他類型的影像。最終，李飛飛（Fei-Fei Li）和她的學生開始彙編大型影像資料庫「影像網」（見第147頁），其中每張圖片裡的物件都透過演算法進行分割，接著檢查分割的正確性，然後由人員加上標籤。

〔附記：在辨識影像中的物件之前，首先得在整體影像中找出物件。因此，第一步是部署一個演算法，專門設計來偵測影像中的大型像素網格的邊緣和角落。演算法會將似乎屬於同一物件的邊緣進行聚合，然後將這些新勾畫出的像素組合視為特定物體。例如，在一張凌亂桌面照片中，辨識出咖啡杯的輪廓。這項工作稱為影像分割，是簡化場景複雜度的一種方式。影像被分割後，系統就能著重於辨識已被勾勒或分割出來的物件。而我們如何確知哪種演算法比較好？我們有基準資料集來評估它們的相對表現。〕

負責標籤的工作人員會檢視照片，標記他們看到的物體是汽車、人、貓、狗或公園長椅。這些由人工加上標籤的影像被儲存起來，影像網的資料庫日漸壯大，最終超過一千四百萬張圖片。添加標籤需要龐大的人力。每張圖片中，工作人員會將各目標物

對應至特定詞彙,例如「汽車」或「狗」。

有了加標籤的大型影像資料庫,我們便能訓練深度神經網路(deep neural network)來辨識場景中的物體,然後使用影像網做為基準,測試其是否成功。例如當我們提供數十萬張標注為「狗」的圖片時,深度神經網路會自動辨識出與人類指示的「狗」一詞相關聯的物件模式。但這並非直觀的比較,人類在觀看一張圖片時,會傾向將整張圖片做為一個整體來理解;但電腦的深度神經網路則是將圖片視為無數個像素組成的巨大網格,並試圖從中尋找像素裡隱藏的規律或特徵。

深度神經網路

機器學習與人類學習的方式也不相同。機器學習技術是使用人工神經元(artificial neuron)做為運算單元來建構。人工神經元被組織成網絡架構,定義了神經元之間的組態或連接方式,並形成人工神經網路。在學習過程中,人工神經網路使用數據來辨別模式,然後模式會被編碼成模型的參數。隨後,模型可從另一些不熟悉的數據裡,辨識出熟悉的模式,以此來對那些未曾見過的新數據做出決策。

深度神經網路具有多層人工神經網路互連的結構,根據數據類型(包括照片、文字、影片序列、感測器串流數據等),資訊會經過層層處理。

假設我們希望深度神經網路辨識物體,並且數據來源是照片

的影像。每一層處理都會尋找並識別不同的影像特徵（或像素子集）。例如，在第一層處理中，系統可能會對數個二乘二的像素方塊進行比較，從中辨識出細小的特徵。這些細微的模式經過評估後，會被輸出並做為第二層處理的輸入資訊，繼續尋找更複雜的像素模式，這些模式通常會對應於影像中的角落或邊緣特徵。

這是如何涉及學習的呢？隨著深度神經網路逐層處理、並將處理對象逐漸擴展至更大範圍的物體，系統開始將各個識別到的特徵彙總，並理解這些特徵之間如何相互關聯，而組合成更高層次的物體特徵。最終，深度神經網路評估所有這些細小且聚焦的模式，根據這些模式做出有根據的推測，來判斷物體的身分。例如系統可能會得出結論：圖片中的物體有 92% 的機率是狗，或以 91% 的可信度辨識它為杯子。

一旦系統經過數十萬張標記影像的訓練，深度神經網路便能辨識出人類未標記的影像中的物體。原因是深度神經網路已建立了自己的模型，能夠辨別新影像中與先前標籤資料相同的模式。換句話說，它學會了如何識別狗或杯子等物體。

AI系統易犯錯

那麼，這些解決方案或學習方法是否體現了通用智慧？並不見得。機器學習和 AI 系統在特定應用領域確實展現了傑出的能力，但它們並不如我們所想的那麼聰明，尤其是相較於人類。首先，它們缺乏強健性，意味著它們容易犯錯，也相對易於受騙。

第 11 章　機器人如何學習

　　我最喜愛的一個例子是，將一張狗的圖片展示給物件辨識系統觀看。最初，程式對這張圖有 98% 的信心，認為它看到的是一隻狗。然而，當其中幾個像素被輕微改動之後，系統就改變了結論，認為它其實在看的是一隻鴕鳥。不僅如此，系統依然對其結論有 98% 的信心。

　　像素的改動只是所謂對抗式攻擊（adversarial attack）的一個例子。我可以保證，圖片中的狗與鴕鳥毫無相似之處，人類觀看這張圖片時，不會犯這樣的錯誤。這種對抗式攻擊可能會發生在任何影像（或其他類型的數據）上。

　　另一個令人憂慮多過於娛樂的例子，是一張「停車」標誌的圖片，凸顯了機器學習系統中存在的嚴重缺陷。「停車」標誌影像經過精確調整，加入了一些雜訊。這些變化已足以欺騙機器學習系統，讓它認為自己看到的是一個「讓路」標誌，但從人眼看來，它依然是「停車」標誌。

　　雖然影像經過輕微的改動，但與原始影像的差異幾乎難以察覺。然而，那些來自對抗式攻擊的微小變動，卻讓機器學習引擎得出了不同結論，這是相當重大的弱點。〔附記：這些變化或擾動並非隨機。像這樣的對抗式攻擊會插入精挑細選的雜訊，欺騙深度神經網路，讓深度神經網路給出錯誤答案。我們也在致力於防範這些攻擊。〕

　　我們不希望自駕車容易受到此類攻擊，進而嚴重影響其判斷力。機器人將狗與鴕鳥混淆，或許有趣，尤其是如果它嘗試去遛鴕鳥時；但如果將「停車」標誌誤認為「讓路」標誌，則可能會導致嚴重的交通事故。

🤖 AI系統帶來的挑戰

當前關於機器學習的各種熱議中,常常被忽視或遺忘的是,機器學習目前多數的想法其實是數十年前發明的。人工神經網路首度問世時,成效並不太理想,但後來隨著我們蒐集和儲存資料的能力提升,加上處理器速度倍增,進而帶來翻天覆地的變化。基本上,現今深度神經網路等機器學習引擎之所以如此強大,是因為我們現在有能力建構龐大的模型,使用大數據進行訓練,並快速執行運算。

即便如此,機器學習引擎也有它的局限。這些模型通常由數十萬個人工神經元和數百萬個參數組成。〔附記:像 GPT3 這樣的大型語言模型包含了 1,750 億個參數,需要 800 GB 的儲存空間,並且需要大量的數據來進行訓練——基本上是幾乎所有公開可用的文字資料。〕由於神經網路規模如此龐大,我們很難透過檢視其內部運作,來準確理解它們如何得出預測或結論,因此我們無法確定它們總是能給出正確答案。例如,為何圖片辨識系統在幾個像素被輕微改動過後,會把狗誤認為鴕鳥?我們其實也不得而知。

我們也無法完全確信,自己的機器學習系統和 AI 模型在特定情況下會做何反應。AI 模型太過複雜了,要弄清楚模型內部的運作,絕非易事。AI 模型只是給出答案,大多時候答案似乎都正確,但它們不會解釋為何或如何得出這個答案。而且,由於深度神經網絡結構錯綜複雜,我們幾乎不可能進行鑑識分析。

如果你要求機器學習系統根據人物、場景或活動,來整理並

第 11 章　機器人如何學習

標注你的假期照片，你約莫不會太在意它犯錯。但如果是涉及駕駛或製造等安全關鍵應用的機器人，我們就不會那麼寬容了。我們絕不希望自駕車或居家機器人出現危險且無法解釋的錯誤。

因此，如果要讓愈來愈多高效機器人和 AI 系統與人類並肩工作，我們必須理解它們做出特定決策或犯錯的原因和方式，這樣我們才能確保一定程度的可預測性、安全性和效能，並且在問題出現時，瞭解機器人為何做了錯誤選擇或執行了錯誤動作。我們必須要能深入瞭解它們的人工大腦，理解它們的決策過程。

機器學習研究社群正致力於這些挑戰。理想情況下，我們將開發出滿足這些標準的學習方法，同時減少對大量資料集和龐大算力的依賴。雖然利用大數據在過去十年大幅推動了機器學習領域的發展，但我們不能再朝此方向推進了，因為成本太過高昂。

OpenAI 訓練的 GPT3 網路及其衍生的 ChatGPT，是迄今開發最成功的自然語言處理模組之一。這些模組既美好又強大，但 OpenAI 執行長奧特曼（Sam Altman）曾表示，訓練 GPT4 的成本超過了一億美元。我們無法以這種方式建構所有模型。

此外，我們還需要積極對抗這些系統中的偏見。機器學習模型的表現好壞，取決於用來訓練它們的數據，因為它們只能從所展示的範例中學習。當數據存在偏見、錯誤或局限時，最終的模型也會受到相同限制。

用歷史數據訓練的模型，可能會延續這些過往數據中根深蒂固的社會偏見。舉例來說，若機器學習系統查看過去的銀行貸款數據，發現向白人發放的貸款比例較高，就會認為白人是更好的

貸款申請人。傳統的信用體系在貸款決策上，本就存有偏見，這並不是新問題，遺憾的是，用反映了種族偏見的資料所訓練的機器學習模型，將會延續這些偏見。

我們也許能改進資料本身、建立更多元的資料集，來消除機器學習系統和 AI 模型的偏見，但有證據顯示，這樣做有損模型的表現。如果我們希望這些模型為世界帶來正面影響，我們還是需要它們能有效運作。所幸，即便訓練數據存在缺陷，現在似乎已找到方法可以調整模型，使其達到最佳表現，減少偏見，並提高實現公平和公正結果的可能性。

師法線蟲大腦：液體網路

請記住，機器人的大腦或 AI 系統並非單一或統一的實體，而是由不同功能的數個模組和演算法組成。所以，我們也可以開發一個模組來修正系統的偏見或缺陷。

來自麻州大學阿默斯特分校和史丹佛大學的研究團隊，開發了一套系統，讓特定機器學習或 AI 模型的使用者描述他們希望解決方案避免的行為。研究團隊現在也在開發新的系統調整演算法，希望能避免種族歧視、性別歧視等其他不良特徵。我們實驗室也朝此方面做了一些努力。

研究界正極力解決機器學習的不足之處，包括：脆弱性、規模龐大、大量運算需求、缺乏可解釋性和偏誤。我與友人暨維也納科技大學電腦科學家葛羅蘇（Radu Grosu）以及我們的學生，一

起深入思考這些問題,其中一個想法是徹底重新設計標準的機器學習模型。我們受到生物學家的研究啟發,他們繪製了秀麗隱桿線蟲(C. elegans)等小型動物的腦部活動圖,最終讓我們設計出全新、簡潔且可解釋的模型,稱為「液體網路」(liquid network)。

首先,讓我們來看看這種小蟲。秀麗隱桿線蟲長久以來一直是科學研究的明星,大腦只有302個神經元,人類則擁有860億個神經元,而傳統的深度神經網路有數十萬或甚至數百萬個人工神經元。然而,雖然線蟲大腦看似簡單,但仍然能覓食、繁殖和四處移動,它們倚賴302個神經元,依然過著美好生活!

我們在探究現有的線蟲大腦研究成果時得知,生物學家發現每個神經元其實都在執行非常複雜的數學運算,相當於在計算微分方程。沒錯,秀麗隱桿線蟲的神經元會做基本的微積分計算!相對來說,標準深度神經網路模型中的神經元,僅負責執行較簡單的操作:人工神經元接收不同值的輸入,將它們加權加總,然後根據總和,生成簡單的輸出。如果計算結果低於某個值,它可能會輸出0,反之就輸出1。雖然這在數學上很簡單,但是每個模型都有大量這樣的人工神經元,而人工神經元之間的連結數量在大型模型中可能高達數百萬條,這將需要大量的運算,卻不見得總是必要。這些系統存在著大量冗餘,且效率低下。

我把問題給簡化了,但希望你能理解我想表達的概念:標準人工神經網路的神經元只會執行基本的算術,這些人工神經元會進行加法、並產生相應的輸出,想當然耳,這不是微積分。於是我們心想,假如我們設計一個人工大腦,讓其中的神經元懂得微

積分,還能計算生物學家在線蟲腦中發現的各種函數呢?這樣一來,人工神經元的數量會減少,但各個神經元的功能會更強大。

我和葛羅蘇帶領的團隊基於這樣的想法,設計了一種新型的AI,結果相當令人振奮。我們的解決方案是和學生哈薩尼(Ramin Hasani)、萊希納(Mathias Lechner)和阿米尼(Alexander Amini)共同開發的液體網路,其中每個神經元都包含了一個微分方程。這個微分方程具有可根據接收到的資訊來調整的變量或「液體」時間常數,因此,整個液體網路可從神經元層面上進行動態調整,使得網路能隨著經歷的不同而自我優化。我們發現,其實並不需要讓人工神經元計算更高階的微積分,而且液體網路在規模和運算需求上,明顯小得多。

〔附記:雖然我們最初將神經運算定義為一個「常微分方程」,但這需要大量的運算資源。我們最終進一步精簡,並成功導出了一個夠精確且不需使用常微分方程計算器的閉合近似解。〕

神經元減少但更強大,這也帶來了新的能力。由於液體網路訓練後,能根據接收到的資訊改變參數,因此能適應新環境,並理解因果關係,意味著它們會著重於完成特定任務所需的關鍵要素,而非著重於任務的背景或脈絡。直觀說,液體網路駕駛車輛時,鮮少會在直路上取樣或搜尋環境的細節,但在蜿蜒的道路上則會非常頻繁的這樣做。這是多數機器人大腦無法做到的。

人在學開車時,知道有個名為「道路」的表面,而且道路上有車道線,我們應該在這些線內行駛;或者若無明確的車道線,便沿著道路直行或轉彎。若我們是老練的駕駛,就會忽略遠處的

樹木、灌木叢或建築物。

我們的液體網路就具備這種能力,但目前基於深度神經網路模型建構的機器人大腦,卻不見得如此。為了顯示兩者的差異,我們比較了使用深度學習模型和液體網路的駕駛模擬情境。比起深度神經網路模型超過 100,000 個神經元,液體網路雖然只有 19 個神經元,但這個人工大腦能夠觀察人類如何駕駛,進而學會如何操控方向盤。

基本上,液體網路透過自學,建立了方向盤操控與道路彎曲度之間的關聯,並學會避開障礙物。此外,我們發現液體網路駕駛車輛時,主要專注於道路的地平線和兩側,但深度學習模型的注意力較分散,它們將焦點放在樹木、灌木叢、天空和道路上,表現得更像是個心不在焉的駕駛。

打開機器學習的黑盒子

液體網路的精簡,具有另一大優勢,即我們可以釐清智慧機器做出特定決策的原因。因為神經元只有 19 個,所以我們能實際提取出決策樹(decision tree,決策樹是一種決策支援工具,利用樹狀圖來顯示決策及其後果),以人類可理解的形式,解釋網路如何做出決擇,並揭露各個神經元在各類行為中的作用。

如此一來,機器學習的黑盒子可以徹底被打開,我們得以瞭解人工神經網路如何看待世界、並進行推理。此外,我們還可以用數學方法證明,液體網路的運算過程是因果性的,即系統的決

策是基於原因和結果的邏輯（如路面），而不是依賴於背景或無關的因素（如灌木叢）。

我提出「液體網路」這個例子，是因為它顯示了我們也許還有其他更好的方法，來建構和設計驅動未來機器人和 AI 系統的大腦。我們不需要依賴傳統的黑盒子，我們可以用更簡單、可解釋、更可預測的行為和決策，達到相同成果。只要我們敢於捨棄過去的老路，便能另闢蹊徑，開創嶄新局面。

事實上，如果我們希望打造更美好的將來，必定得如此。但我有些言之過早了。在我們展望未來之前，還有一些技術挑戰需要解決。各位可以將這些技術挑戰視為創新者、發明家與工程師的技術待辦清單。不過首先，請容我插入一篇簡短的技術說明。

機器人相關技術概覽

機器學習有許多不同方法，主要利用數據來找出模式，用以闡述資料集的某些屬性（例如，影像網的物件辨識任務）、根據過去情況預測未來可能發生的事（例如，在學習行走的任務中，虛擬獵豹可能會跌倒）、或根據當前情況產生或執行相應的動作（例如，在自動駕駛任務中引導方向的操控；或如何根據提示，生成適合的文字或程式碼）。

機器學習概述

下列為數個關鍵方法的摘要概覽：

機器學習是 AI 旗下的一個分支，讓系統能自動學習，並根據經驗改進，而不需明確的編程指令。機器學習系統可以從數據中學習，辨別模式，並以人為干預最少的方式進行決策或預測。這些系統利用大數據自動建構模型，使用可從數據迭代學習的演算法，讓電腦能從數據中找出隱藏的洞見，而不需要人類編寫程式告訴系統從何處查找。然後，這些洞見或模式隨後可用來預測未見過或未來的數據。

機器學習演算法根據樣本數據（又稱訓練數據）建構模型，以便對未來數據進行預測或決策。訓練數據通常涵蓋了龐大的資料集，因此能讓物件辨識模型掃描數百萬張樹木的影像，然後再來觀察外界，辨識出它從未見過的樹木。

不過，機器學習並不僅限於影像，還可用於發掘各類資料集的模式。例如，它也支援智慧型手機的語音辨識系統；高頻交易

公司利用機器學習來找出資料模式,若利用得當,也許能帶來不少利潤;企業使用機器學習工具來分析客戶和銷售數據,以發掘新趨勢,用以規劃新的行銷策略或銷售活動。

到頭來,這一切其實都關乎在大數據中發現人類無法偵測到的模式,畢竟資料集太過龐大。機器人可利用機器學習來改善它的大腦在感知、規劃、控制和協調等方面的能力。此外,機器學習涵蓋數個類型,包括監督式學習、非監督式學習、半監督式學習、自監督式學習、強化學習、模仿學習、生成式 AI 等,每種類型都有不同的用途,適用於不同類型的數據,並產生各種用途所需的結果。

監督式學習

監督式學習(supervised learning)是使用人工標記的資料集,來訓練模型(常見的模型架構為人工神經網路),藉此準確分類數據或預測結果。模型會被餵入帶有標籤的訓練資料,訓練資料的每個樣本都含有輸入向量及對應的輸出值。

監督式學習演算法的目標是求出一個根據輸入值得出的正確預測函數,類似於教師監督學習的過程。監督式模型主要分為兩大類:迴歸(regression)和分類(classification)。比方說,在分類模型中,物件辨識模型透過大量人工標記的影像進行訓練,學會將特定的像素排列,與人類提供的詞彙,如「杯子」或「狗」,聯繫起來。經過充分訓練後的成功模型,將能在未經人工標記的

影像中，辨識出杯子或狗。換句話說，它學會了如何在圖片中分辨和分類物件。可是這些模型並非真正知道杯子或狗實際為何，也不曉得該用哪個喝水、或該帶哪個去散步。

深度學習

　　深度學習是機器學習底下的分支領域，是以受人腦啟發的方式來處理資料的演算法，又稱人工神經網路。人工神經網路通常有許多層，因此具有「深度」，就稱為深度神經網路。深度神經網路愈多層，可以辨識的特徵就愈複雜。

　　人工神經網路通常由所謂「人工神經元」的運算單元構成，藉由人工神經元之間的連結，組織成網絡結構。人工神經元的運算包括由激勵函數（activation function）處理的加權輸入總和。其中一個最廣為使用的激勵函數是 S 型函數（sigmoid function），本質為階梯函數，即：若輸入值小於特定門檻，則輸出 0；若輸入值超過特定門檻，則輸出 1。深度神經網路有很多層，包含了輸入層、（通常很大量的）隱藏層、以及輸出層。

　　人工神經網路的架構有各式各樣，包括前饋網路（feed forward network）、卷積網路（convolutional network）、遞歸神經網路（recurrent neural network，循環神經網路）、長短期記憶網路（LSTM）、生成對抗網路（GAN）、自編碼器（auto encoder）、變分自編碼器（VAE）等。

　　〔附記：話題開始變得技術性了。若您有興趣進一步瞭解不同類型的人工神經網路，建議閱讀任何機器學習相關的入門書籍。〕

　　基本上，所有架構的基本組成要素都包括了：人工神經元、

突觸（人工神經元之間的連結）、與突觸相關的權重、偏誤和激勵函數。各種架構的差異主要在於人工神經元的數量、層數和人工神經元的連結方式。每個人工神經元的基本運算過程是從前一層取得輸出值，將其與相應的突觸權重相乘，將結果加上偏差，然後透過激勵函數處理這個數值。

深度學習利用大數據（通常是數百萬筆人工標記的樣本）來判定人工神經網路中每個節點對應的權重，讓神經網路在面對新的輸入值時，能正確將其分類。深度學習已被應用於諸多領域，包括：電腦視覺、語音辨識、自然語言處理、機器翻譯、生物資訊、藥物設計、醫學影像分析、氣候科學、材料科學、桌遊等。而且，深度學習並不限於監督式學習，亦可應用於非監督式學習的任務。

非監督式學習

非監督式學習（unsupervised learning）是機器學習方法的一種，演算法在無明確指導或標籤樣本的情況下，學習數據中的模式和結構。非監督式學習的目標是辨別模式、發現數據的潛在結構，並從中擷取有意義的見解。

在許多應用中，我們並沒有已標記的輸入數據及對應的輸出數據。因此，我們向系統提供一個大型資料集，並測試系統能否自行識別數據中的模式或相關概念。例如，若系統接收到包含汽車和動物的影像，但你並未替每張影像的內容加上標籤，這時就

可以用「以分群（clustering）為基礎」的非監督式學習，來檢測系統能否自行辨識出資料集中存在汽車和動物這兩類影像。當你希望處理未經人類分析的未標記數據時，非監督式學習方法非常適用，即便無事先的引導，它也能從數據中發掘特徵。

半監督式學習

半監督式學習（semi-supervised learning）結合了監督式學習和非監督式學習的元素，使用加了標籤和未標籤的數據來訓練模型。加了標籤的資料幫助引導模型的學習過程，而未標籤的數據則有助於發現模式，促進模型的泛化（generalization）能力，亦即將模型應用於其他任務的能力。當標籤數據有限或取得成本過高時，這種半監督式學習方法相當實用。

自監督式學習

自監督學習（self-supervised learning）也是一種非監督式學習形式，系統從那些未標籤的訓練資料中自行建立標籤。演算法使用結構化但未標記的資料進行訓練，以執行任務，目標是透過找出資料的模式或規律，針對特定任務從資料中擷取有用的資訊，而非被明確告知應尋找什麼資訊。

非監督式學習的目標是發現資料的模式、結構或關係，不對資料進行標籤或注解；但自監督學習則試圖自行產生人類會添加

的資料標籤。例如,機器人可觀察其行動對外部環境的影響,使用非結構化數據做為輸入值,自動產生資料標籤,並在後續迭代過程中,當作「真值」(ground truth)。這種方法的好處在於,研究人員無需監督或介入,讓機器人自學即可。

強化學習

強化學習涉及「代理」(agent)與環境的互動,並學習決策或採取行動來盡可能增加獎勵或減少懲罰,是一種基於試錯的學習形式。例如,我們可以建立一個機器人運作的真實空間或模擬空間,並設置獎勵函數及目標。機器人在其中嘗試不同動作的過程中,系統會監測它是失敗或朝向目標邁進。進步會帶來正向獎勵,而失敗則會導致負向獎勵。機器人經過多次試驗後,會更傾向採取能夠帶來正向獎勵的行動,並避免導致負向獎勵的行為。

若是在訓練自駕車,可以讓人類工程師坐在駕駛座上,或者監測機器人的行為和決策,並標記其正確或錯誤的選擇。透過這種方式,工程師可強化良好的駕駛習慣。我們稱此方法為「人類意見回饋強化學習」(reinforcement learning with human feedback)。

模仿學習

模仿學習是機器學習演算法試圖模仿(或模擬)人類專家或其他專家代理的行為。模仿學習不使用獎勵機制,而是由專家提

供一系列示範，實際向軟體展示某件事應該如何完成。

顧名思義，模仿學習是讓機器人透過觀察並模仿另一個代理（通常是人類）執行任務，來學習一項任務。以夾取任務為例，我們可以向機器人示範如何拿取不熟悉的物品，一是自己親手做並讓機器人觀察，二是實際操控機器人的抓爪到達正確位置，讓機器人追蹤動作。之後，機器人便能自行模仿，執行任務。

自駕車公司威莫宣稱其系統是全球經驗最豐富的駕駛，威莫的自駕車涵蓋了超過二百億英里真實里程和模擬里程的資料。然而，即便是這種方法依然存在不足之處，它依然無法讓汽車像人類那樣駕駛。因此，威莫收購了一家開發自動駕駛模仿學習方法的公司。更深入研究人類駕駛的行為，也許能讓自駕車的行動更接近於人類駕駛。

生成式 AI

生成式（generative）AI 是一組能產生類似現有資料模式、或遵循現有資料模式的新內容或新資料的技術。生成式 AI 有別於單純進行預測或分類數據，它的目標是創造與訓練數據類似的新資訊，包含影像、文字、音訊、甚至影片。

比方說，「前景」（見第 181 頁）模擬器可產生用於訓練自動駕駛「端對端（end-to-end）學習」的極端案例，正是生成式模型的範例。訓練生成式模型通常需要大數據。我最近收到兩位學生阿米尼（見第 190 頁）和蘇萊曼尼（Ava Soleimany）的禮物──他

們以古典繪畫風格,製成一幅我的生成式 AI 肖像畫。為了生成這幅肖像畫,他們採用機率擴散模型(probabilistic diffusion model)並用 58 億張圖片及文字描述,訓練了模型。為了生成新影像,含有隨機雜訊的數據被輸入人工神經網路,人工神經網路的任務是一步步迭代「去雜訊」。每次數據通過人工神經網路,影像會變得更清晰,雜訊減少。

此迭代過程通常會進行許多次,因為每一次的步驟僅會去除少量的總體雜訊,去雜訊次數愈多,成品的品質就愈好。模型用 58 億個「文字生成圖像」(text-to-image)資料集,訓練了兩個月左右。訓練完成後,當需要生成新的人像時,模型會產生一個真實但隨機的人物肖像。為了將這幅肖像個人化,阿米尼和蘇萊曼尼進行二度訓練,以「丹妮拉・羅斯」的文字描述做為條件,利用我的十張照片微調模型。二度訓練僅耗時一小時,最終成果就是各位在 https://www.linkedin.com/pulse/daniela-rus-every-crisis-has-two-parts-danger-focus-merline-saintil 這網址看到的肖像。

此種通用方法也是達爾 E(DALL-E)等大型文字生成圖像模型的基礎。達爾 E 這款生成式 AI 引擎,可根據描述性的文字命令,快速產生各種風格的數位藝術作品。

ChatGPT 的軟體基礎 GPT-3 等大型語言模型是具有數十億到數千億參數的深度神經網路,透過龐大的文字資料集進行訓練,同時嘗試執行特定任務(例如預測下一個字詞)。生成式模型還可用於產生其他類型的數據,包括音訊、程式碼、模擬內容、影片等。

我們與機器人的光明未來

第 12 章

科技專家的待辦事項清單

大家常問我，能否為他們建造特定的機器人。例如我的腫瘤學家表姊安卡・葛羅蘇（Anca Grosu）醫師曾問我，可否為她設計一種能長期監測腫瘤變化的機器人植入裝置。她希望有機器人可以告訴她，病人對她開的治療方案反應正面或負面。我能為她建造這樣的機器人嗎？

目前還不能。

那我的好友佩恩（見第 38 頁）想要的機器膠囊呢，可以讓他與熱愛的鯨，一起在水下潛水？我能製造這樣的機器人，幫助富有冒險精神的科學家嗎？

還是不行。

關於這類需求，我可以說出一長串，光是他人的請求已經數不勝數。而我自己的機器人願望清單則更長，而且同樣充滿奇思妙想。每當我到新加坡，看到許多大樓覆蓋著能吸收二氧化碳的綠色植物，就希望能建造一些機器人，讓它們在劍橋的辦公大樓外牆爬行，充當人工光合作用裝置，把二氧化碳轉化為新鮮的氧氣。當我站在海灘上時，就會想到塑膠汙染的嚴重問題，以及我們能否設計並部署一支水上機器人船隊，來過濾海洋中的雜質。特別是，我一直在思考如何建造出機器牡蠣。

不論是佩恩的潛水膠囊，還是會光合作用的攀爬機器人，這些看似科幻的計畫，其實很意外的都相當可行。我們只需要不同數量的資源、人力和時間。然而，當我們檢視這些創新的智慧機器人構想時，總是會反覆出現幾個主題或挑戰。下列的建議清單乍看可能令人望而生畏，但我並不認為這些障礙會讓人氣餒。反

第 12 章　科技專家的待辦事項清單

而我認為它們充滿了令人興奮的機會，也希望你能與我有同感。我未按照特定順序，且僅列出了部分挑戰，算是一份為年輕的發明家和深受啟發的工程師準備的待辦事項清單。這份清單，就從「手」開始。

我們需要更聰明、更靈敏的機器手

在實驗室裡，我和同僚都非常擅長讓機器手移動到接近目標物的位置，但往往難就難在最後一步。由於機器手的機構並不總是能達到所需的精確度〔附記：對於商業用途和家庭用途來說，要達到手術機器人和工業機器人那般的精確度，成本可能太過高昂〕，最終機器手的位置可能會有些微誤差。倘若機器手和它試圖抓取的物品位置不對齊，那抓取動作可能就不會成功。我們能否開發更好的機器手軟硬體，讓它能應對這些不確定性，而無需過度依賴機器手的精確控制、或知悉物體的精確擺放位置？

靈敏的機器手能讓整個機器人的智能變得更高，例如回收機器人的手就可以區分紙張、塑膠和金屬。而且機器人的「手指」甚至不一定得看來像人類手指。我們實驗室最厲害的一款機械操縱器，其實外型更像一朵花。它的矽膠外殼內，是堅固但可靈活適應各種環境的摺紙骨架。如果這個鬱金香夾爪試圖拿起一個罐子，它會從上方下降，直到覆蓋住罐蓋，然後用附加的真空裝置抽走所有空氣，使鬱金香狀的結構和其內部骨架緊緊包住罐蓋。

這種機器手無需精確研究物品，也無需詳細規劃最佳的抓取

方式,只需向下移動並抓取,同時透過力量感測器,確保它不會用力過當。從一片洋芋片到一盒牛奶,我們已經用它拿取過各種物品——它可以拿取電器和其他物品,甚至能輕鬆拿起平放在桌上的鍋鏟。

本文撰寫時,部分新創公司正在開發類似的吸附式夾爪,亞馬遜也推出了新型倉庫機器人「麻雀」(Sparrow),它的「手」由六個排列成束的筒狀吸附裝置組成。

我並不期待每個機器人都擁有鬱金香狀的夾爪,但這種特殊的操縱器非常適合拿取和放置物品,頗適用於倉庫或生產線,但卻不適用於烘焙,因為它無法攪拌麵糰。再次重申,機器人的身體只能完成其物理結構所允許的任務。

無論是機器手的開發、還是引導它們運作的大腦,我們都還有大量工作尚待完成,但目前已取得了長足的進展。據報導,亞馬遜的麻雀機器人能拿取數百萬種不同的包裹。而倉庫應用僅是開端,如果我們持續以目前的速度發展這些技術,可以想見未來機器人將能在日常生活的諸多領域,執行各式各樣的任務。

🤖 我們需要更柔軟、更安全的機器人

當然,我們不能僅僅專注於「手」。機器人整體也必須變得更能順應環境。傳統機器人系統不易在人類周圍使用,因為傳統機器人龐大又笨重,而且存在一定的危險性。例如,工業用機器手臂堪稱工程學傑作,能執行不尋常的任務,但由於它們是根據

預先寫好的程式執行一組固定作業,即便有人靠近,也無法即時更改程式,因此通常設置於安全防護籠內,與人隔離。

不過,我們逐漸看到工業機器人能與人類並肩工作,其中一個推動此新趨勢的先驅是布魯克斯(見第 74 頁)研究團隊,他們創立了再思考機器人技術(Rethink Robotics)公司。他們設計的百特機器人(見第 176 頁)就是為了與人類協作而生。即使工作人員毫無技術背景或程式設計背景,也能訓練百特或其後繼產品「索耶」(Sawyer)來提供協助,完成特定任務。

儘管再思考機器人技術公司因財務因素,於 2018 年終止營運,但公司的核心理念卻是成功的。他們證明了人類與機器人並肩協作的理念確實可行。如今,諸多工業和工廠環境中,已有許多協作機器人(cobots)的例子,而且此概念也逐步擴展至其他領域。比如,遞力傑機器人技術(Diligent Robotics)公司的機器人「莫西」(Moxi)能幫助護理師將物資送到病房;而我的友人、南加州大學的馬塔里奇(Maja Mataric)設計了另一款名稱相似的社交機器人「莫禧」(Moxie),專門與自閉症類群障礙的兒童互動,幫助他們發展和測試社交技能。

這些令人印象深刻的案例,正是我們未來需要更多的機器人類型──更安全、柔軟、且更有智慧的機器人。人類擁有皮膚這麼出色的感官裝置,能在我們碰觸到視野之外的事物時,向我們發出提醒。我們的皮膚十分敏感,甚至可以透過觸感,推測關於物件的資訊。人工皮是非常活躍且極其複雜的研究領域,雖然我無法預測機器人何時能擁有如肌膚般密集分布、而且很靈敏的感

測器,但該領域的發展肯定有利於開發「能與人類安全互動」的機器人。

🤖 我們需要「較不機器人」的機器人

所謂的機械舞,以僵硬、笨拙的動作為特徵,這也凸顯出智慧機器的一大問題:我們需要開發動作更加靈活的機器人,就像自然界的生物一樣。

我希望能有更多如舞者般充滿韻律且優雅的機器人,就像是雷伯特(Marc Raibert)和他的波士頓動力(Boston Dynamics)公司團隊開發的那些令人驚嘆的跳舞機器人一樣。我希望能看到更多機器人像專業廚師精準使用廚房刀具,或像羚羊一樣奔跑。我也希望擁有更善於與人類溝通互動的機器人。

請容我解釋一下我的意思。

目前要使用機器人的話,你需要對機器人的運作原理有基本認識,並瞭解如何編寫程式。試想一個由機器來適應人類,而非人類適應機器的世界。例如,工廠中的機器人能察覺到人類在搬運大型零件時感到吃力,主動上前協助;家用機器人或許會注意到老年人在家務中力不從心,主動提供幫助。

努力讓機器人變得更柔軟、更能順應環境,無疑是很重要的一步,但要賦予它們上述的直覺能力,還需要我們為機器人開發更強大的「大腦」,亦即能夠可靠辨識人類行為的智慧系統,並思考「何時」以及「如何」成為有用的「神隊友」。

同樣的，我們也可以考慮改進機器人執行動作的方式。以當前具備自動輔助駕駛功能的汽車為例，當它察覺你偏離了車道，可能會自行迅速將車輛拉回中央。這種以最快速度回到正確位置的動作，比較像機器而不是人類的反應；若是人類駕駛的話，會緩緩將車駛回車道。部分自駕車在這方面表現得較順暢，這是相對容易透過軟體調整解決的問題，但它確實凸顯了一個更大的趨勢：當機器人和人類處於類似情境時，機器人的行為往往不同於人類的反應。

這或許是有益的。AI 系統在面對西洋棋或圍棋等與人類玩家對弈的策略遊戲中，往往會做出令人意外的決策而取勝。人類可以分析這些選擇，從中找到新的策略。不過，在部分情況下，我們會希望機器人的行為更像人類，駕車正是一例。

我的研究團隊曾示範過，我們可為自駕車的大腦配備一部從人類駕駛行為學習如何操控方向的控制器，並搭載推理引擎，使其能遵循《維也納公約》規定的道路規則。這似乎解決了讓智慧機器像人類一樣駕駛的問題。然而任何開過車的人都心知肚明，並非每位駕駛人都會遵守交通規則。因此，我們需要讓機器人懂得解讀其他駕駛人的行為，並適時反應。

多年前學開車時，家父早上陪我一塊練車，結果我被困在十字路口，部分原因是我無法揣測其他駕駛人的行為。如今，我們正在開發一款系統，採用所謂的社會價值取向（social value orientation, SVO）做為數學指標，來判斷車輛周圍區域的人類駕駛的性格特徵。這項指標由社會心理學界提出，主要是根據對自身

與對他人的獎勵分配，來評估個人性格。有趣的是，這項指標可以用空間的角度來表示，由「給自己的獎勵」和「給他人的獎勵」兩個維度的比例關係來定義，還能整合到機器人控制系統的成本函數。

進一步討論機器人之前，讓我先舉例說明社會價值取向的運作原理。直觀來說，道理非常簡單。

假設你得到一百美元，必須將這筆錢與一名陌生人分享。如何分配由你決定。你可以選擇留下全部一百美元，一分錢也不給陌生人，這是利己主義的行為；抑或，你可以把一百美元全部送給陌生人，自己一分不留，這便是利他行為。

從數學上而言，利己主義者的對應角度為 0 度，利他主義者為 90 度。如果你平均分配資金，則為表現出利社會行為（pro-social behavior），可對應為 45 度。因此，這個角度為人類性格提供了粗略的數學衡量方式。

誠然，當我們討論的是駕駛行為而非分配獎金時，衡量上確實更加困難。然而，此方法依然適用，因為我們可以透過觀察駕駛人的行為，結合賽局論、控制理論和機器學習等模型的數學公式，來評估每位駕駛人的性格特徵。透過估算駕駛人的社會價值取向角度，並將其整合到演算法中，機器人就能更有效理解所在環境中的人類行為，進而使機器人的控制系統適應人類，而非要求人類去適應機器人。

這聽來或許過於複雜，但如果我們希望自駕車能在交通情境表現得像正常駕駛人那樣，這種能力就至關重要。何以見得？因

為面對「利己型駕駛」和「利他型駕駛」時，自駕車的應對策略應該有所不同。舉例來說，假設一輛自駕車駛近十字路口，停下來準備左轉。此時，一輛由人類駕駛的車從右側駛來，打算左轉進入自駕車所在的路口。

利己型的駕駛人會加速穿過路口、急速左轉。這種情況下，自駕車最明智的反應是讓這輛車先過，以避免碰撞事故。

若是利他型或利社會型的駕駛人，則會減速，讓出空間，甚至可能還會示意讓自駕車先行。在此情況下，自駕車應該把握機會迅速通過，否則可能會打亂車流。

因此，在前一種情境下，機器人應該等待，避免與激進的駕駛人發生擦撞；但在後一種情境下，機器人則應加快行動。

機器人必須能在所有以人類為中心的環境中，迅速做出這類決斷。否則，我們的道路將不是充斥著事故，而是被優柔寡斷的機器人堵塞。如果我們能將類似人類的決策能力與行為，內建於自駕車和所有機器人之中，就能擁有可適應人類的智慧機器，使人機互動更加安全高效。

我們需要更創新的機器人製造方法

傳統上，機器人是由許多零件組成的複雜系統，例如：剛性構件、致動器、感測器、微處理器等，這些都需要各領域具高度專業和開發能力的人才來設計、製造和控制。換句話說，要建造機器人，我們通常需要聰明過人、技術嫻熟、訓練有素的專業人

士。而且,增加設計元素還會使機器人的製造和控制更為複雜。

長久以來,打造機器人的過程都是按部就班、逐步進行的:先從底盤的機構設計開始,再加入電機元件、運算載板、負責低層控制的軟體,最後再加入引導高層控制功能的軟體。這種線性的製造過程限制了我們的創造力。

如今,我們可以利用運算技術和 AI,更迅速打造出新穎且更具吸引力的機器人。我的研究團隊與麻省理工學院教授馬圖斯克(Wojciech Matusik)的團隊合作,聯手開發了一款運算設計暨製造解決方案,能同時整合設計機器人的身體和其控制系統。我們先在模擬環境中進行設計和測試,經過多次迭代後,再實際開始建造機器人。

此種「協同優化」(co-optimization)方法是相當強大的概念,讓我們能針對特定功能或目標,同時尋找最佳的身體設計和對應的控制系統。例如,如果我們希望設計一款能在平坦地形上快速移動的機器人,程式可能會生成一種可能的最佳設計;但如果我們希望它還能爬樓梯或越過地形上的間隙,機器人外觀和運動方式的設計便可能有所不同。我們透過同時設計機器人的大腦(軟體)和身體(硬體),並運用 AI 共同參與設計過程,開啟了令人期盼的新機會。這或許聽來更像藝術,而非科學,但這並不僅僅關乎於創意。

首先,請容我概略說明其中的運作原理。協同優化法結合了模擬引擎和呈現各種潛在設計的程式。我們先設定希望達到的規格,然後程式會搜尋最佳設計。接著,程式持續迭代,直到達成

「帕列托（pareto）最佳化設計」，也就是進一步修改已無法帶來更好結果的設計。當我們獲得經過模擬優化、並符合規格的設計後，就可以開始製造實體系統。隨後，再將實體機器人的效能與模擬系統進行比較。如果兩者存在差異，再來調整模擬參數，並迭代運算設計方法。簡而言之，就是再試一次。

這種以自動化和優化為核心的方法，讓我們能以比傳統方法更快的速度，整合設計機器人的身體和其低層控制器。此外，因為產生設計所需的主要技能是程式設計，而非機械或電子工程的專業訓練，某種程度上，這種方法也有助於使機器人的研發與製造更為普及。

我們還可以利用協同優化法來解決實質問題。假設我們需要搜索災難現場，例如受損的核電廠。我們絕不希望讓人類暴露於輻射之中，但手邊可能也沒有能穿越瓦礫堆狹小縫隙的機器人。利用運算設計與製造系統，將可讓我們在模擬環境中探索各種可能的設計，並選擇最符合需求的機器人形式，然後迅速製造，並投入使用。

我們需要更輕薄的人工肌肉

比起我剛進入機器人學領域時，目前用於機器人的人工馬達或致動器已有了極大進步，但仍有很大的改進空間。為了打造我先前描述的靈活機器人，我們需要能更順暢連續施力的致動器，並具備更高的順應性和負載能力。特別是軟性機器人，我們也許

需要全新類型的人工肌肉。

如今多數軟性機器人仰賴真空或幫浦,來移動空氣或液體。我們的流體人工肌肉致動器就是基於真空技術,為花型夾爪提供動力。雖然真空裝置比幫浦更易整合到機器人的身體中,但仍需額外添加主要元件,以產生真空壓力。

如前述,有些公司已經開始部署利用吸附原理運作的新型機器手,這類夾爪無需進行複雜的抓取規劃運算,但它們的負載能力(即可抓取且維持的物體重量)有限。我希望能有具高順應性的致動器,既能處理高荷重,又更小巧,並由電動馬達驅動,而不是仰賴幫浦或真空技術。

此外,人工肌肉也必須更小更薄,更接近動物肌肉,而非如目前相對笨重的版本。這也讓我們進到了接下來要討論的項目。

🤖 我們需要更強大的電池

近年來,電池技術雖然已有顯著進步,但我們仍需開發更小型、使用上更有彈性、而且能量密度更高的電池。目前廣泛應用於電腦或汽車的各種電池,多半體積大且重量重,可能較適用於大型機器人,但對於本書提及諸多更柔軟、更靈活的小型機器人而言,我們或許需要全然不同的解決方案。

我的同事布洛維研發的紙張型太陽能電池(見第134頁),或許能為戶外型機器人帶來革命性的變化。另一條大有可為的途徑是開發結構電池(structural battery),將儲能設備直接內建到機器

結構內,而非是需要底盤支撐的獨立組件。

此外,我也對麻省理工學院同事帕拉西奧斯(Tomas Palacios)的研究深感興趣,他正將新型材料整合到電池中,這些材料也許能大幅延長電池的續航力。假設電動車如他的研究成果顯示,具備可行駛一千英里的續航能力,那任何機器人都不再需要頻繁充電,並且能運作更長時間。這是必須實現的突破。如果未來我的車要能飛越塞車車潮,送我去上班,那我們的確需要性能更優越的電池。

我們需要更優異的感測器

特斯拉宣稱,他們只使用視覺感測器就能打造自駕車,無需仰賴光達(3D 高解析雷射掃描器)。理論上來說,這是行得通的。畢竟人類開車時並未使用 3D 雷射掃描器,而是用肉眼捕捉光線,由大腦處理資訊,並做出大多正確的決策。

可是,人腦遠比自駕車的 AI 系統先進。在機器人的視覺感知能力方面,我們還有漫漫長路要走。因此,在此過渡期間,我希望感測器領域能開發出更經濟實惠的光達、以及其他類型的優異感測器,讓機器人能蒐集更多周圍環境的感官資訊,幫助它們更迅速做出更好的決斷。

我們用在汽車上的光達,若能針對機器人的抓取放置任務,開發出更小型或功能同等的版本,也大有助益。如此一來,機器人的手在抓取物件時,將能更清楚感知物件的形狀。不過,這不

僅限於視覺感測，我希望機器人也能配備類似皮膚的感測器，以及其他更強大的感測器，盡可能捕捉環境中的有用數據，包括景象、聲音和觸覺。

🤖 我們需要更能迅速反應的機器人大腦

在此指的是實體「大腦」，即運行先進 AI 和機器學習模型的硬體元件。現今最先進的模型主要在圖形處理器（GPU）平臺上運行，這種運算硬體最初是為了繪圖處理而開發。如果我們能從頭針對 AI 和機器學習模型，設計專門的處理硬體，模型所需的訓練和推理過程將變得更快速高效。

我們必須針對最新的機器學習解決方案，開發低功耗晶片和架構設計。

🤖 我們需要更自然的人機介面

目前，我們與機器人的互動仍仰賴程式語言，而這需要電腦科學和機器人技術方面的專業。希望我們能找到與機器人更自然的互動方式，讓任何人都能輕鬆與機器人對話。像 ChatGPT 這樣的語言模型和其他強大的聊天機器人，已經展現出文字生成引擎的卓越能力，讓普通人感覺自己正在與機器人交談。

然而，這些機器智慧其實並不真正理解交談文字的意義。我期待能有更自然的人機介面與溝通方式，讓人能夠直觀的與機器

人互動，並指派任務，而不是用來進行爭論、辯論或哲學探討。

我們應該要能對機器人發出簡單的高階指令，例如「給我一杯水」，而無需拆解和解釋完成任務所需的各個步驟，像是每個關節應該傳輸多少電流及何時執行等等。GPT-3 等大型語言模型可做為我們與機器人之間的介面，但要將相關的語言指令轉化為機器人可執行的步驟，我們仍需要諸多努力。

期待奇點到來

智能更高的機器手、更先進的設計與製造技術、更強大的電池與機器人本體⋯⋯這些都是亟待努力的方向。截至目前，我們已在各領域取得了令人矚目的進展。

科幻小說家、未來學家和其他人經常談論奇點（singularity）這個概念，認為科技演化的速度將在某一點，突然超越我們能可靠預測未來結果的能力，進而導致人類文明進入一個不可預見的階段。但在我看來，根據我們實驗室和全球研究中心的現狀，革命性的變革確實不斷發生，但奇點仍未進入我們可預見的範圍之內。

我們的手腕上佩戴著功能強大的計算機；我們的汽車能安全接管許多駕駛任務；倉庫中的工人穿戴著機器人動力輔助裝置來搬運重物，並在工廠中與智慧機器協作。的確，仍有許多領域需要進一步突破，但我們迄今無疑已實現諸多卓越非凡的成就。現在，我們必須為未來做好準備。

第三部

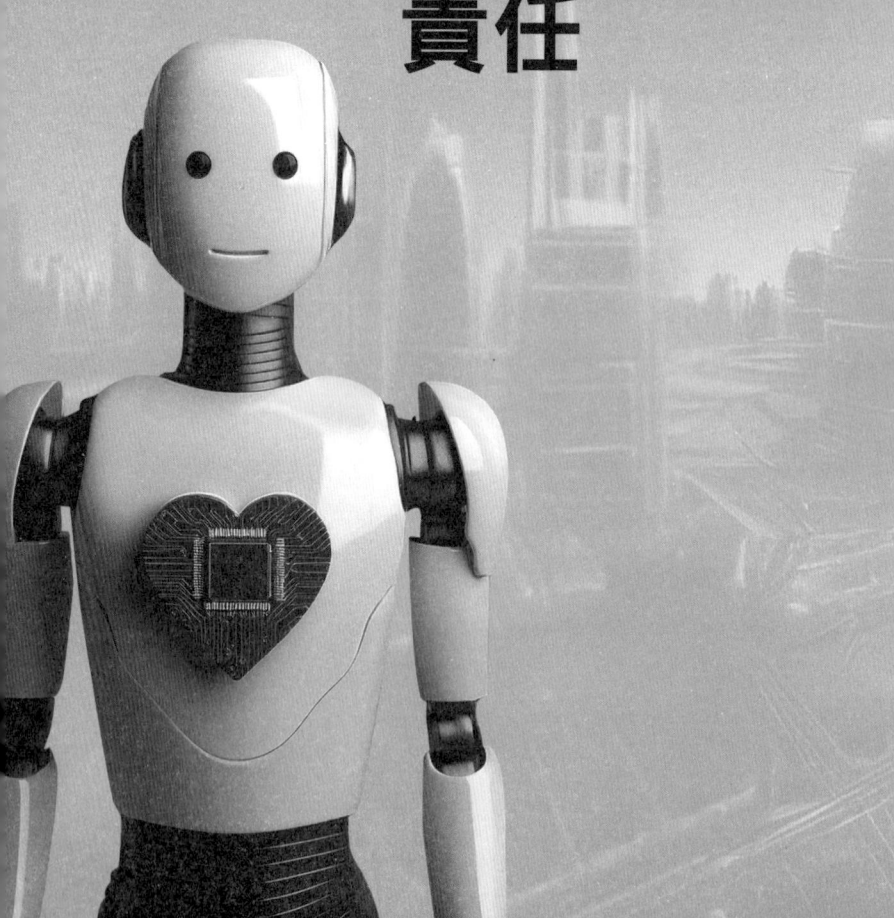

責任

第 13 章

可能的未來

新冠疫情剛爆發時，我曾認為兩年內絕無可能開發出疫苗，原因是當時標準的開發週期大約就需要這麼長的時間。然而，在世界衛生組織（WHO）正式宣布新冠肺炎為「全球大流行」後僅九個月，輝瑞（Pfizer）與拜恩泰科（BioNTech）聯合研發的疫苗便獲得批准，並開始提供給十六歲以上的人使用。在疫苗推出後短短十天內，美國就已施打超過一百萬劑。這些疫苗經過開發、測試、核准，最終提供給全球各地不同收入水準的人群，堪稱傑出的科學成就。

　　而這一切之所以能實現，是因為這項因應措施獲得了政府、產業等各界最高層級的支持和指導。分子生物學、醫學、流行病學、公共衛生、疫苗設計、製造、供應鏈物流、金融和其他許多領域的專家，攜手參與了疫苗的開發、核准和分發工作。公共衛生領袖、政策制定者和監管機構確保了科學洞見獲得有效運用，並確保疫苗的分配公平且公正。傳播界和公關專業人士積極宣導並竭力打擊錯誤資訊。此外，所有來自不同專業團體和專家的知識與貢獻，都得到了有效的協調與應用。

　　我提到這場疫情，並非暗示智慧機器的崛起會對全球或區域構成威脅（對此的擔憂似乎多半是科幻小說的影響，而非基於事實，我相信這一點現在已昭然若揭）。我之所以提到疫情，是希望以此事件做為典範。疫苗的推行當然不會是完美無缺——錯誤資訊猖獗，陰謀論滋生，政治局勢變得比平時更加醜惡。

　　當然，我們還可以做得更好，但即便如此，新冠疫苗仍以破天荒的速度開發出來，並接種於前所未有的高比例人群。這場疫

情的應對行動,顯示了人類社會整體所能實現的成就,也展現了我們如何調動各方專業,採取全員動員的方式達成更大的目標。

三種可能的未來

若我們希望以相同方式,設計並推動機器人和智慧機器的發展,使其為最大多數人的生活帶來積極正面的影響,那麼絕對無法單靠科學家和科技人員之力,形塑這樣的未來。我們需要產、官、學界和全體社會的專家共同參與,齊心協力實現目標。

就算我所提出的技術目標實現了,也不必然意味著光明的未來。我們必須主動引導機器人的發展及其對社會的影響。機器人既可能成為問題,也可能成為解決方案。正如 AI 無法創作出下一部偉大小說,AI 也無法告訴我們科技隨時間推移,會將我們帶向何方。唯有我們這些公民、創新者、學生、影響者、創作者和政府與商界領袖,才能決定這一點。人性的選擇將決定科技的應用,而我們未來幾年的行動與決策,最終將決定 AI 是成為人類的福祉,還是製造出比解決問題更多的挑戰。

好消息是,這些潛在問題不會像疫情那樣毫無預警的到來。我們已經知道它們可能會發生,因此,現在正是時候提前著手,在政策、技術和商業這三個領域的交叉點上,探索並制定解決方案。

科技變革的速度往往難以預測。我們甚至可能比預期更快達成我提出的目標。回顧 2004 年,當時世界上最先進的自駕車僅

需在一場競賽中,於荒涼的沙漠道路上行駛七英里,就能在頂尖研究團隊的競爭中脫穎而出。僅僅十五年後,威莫已經在鳳凰城開始提供自動駕駛的市區載客服務。這樣的發展速度令人驚嘆,但並非完全出乎意料。當機器人學界與工程學界真正集中精力攻克特定挑戰時,一次又一次證明了我們能將科幻化為現實。

因此,假設我們解決了我探討的種種技術難題,擁有這些先進機器人的世界會是什麼模樣?

我設想了三種主要的可能未來:

🤖 情境一:目前路徑

其中一種可能性是,我們繼續沿著當前的路徑前進,打造更優秀的機器人身體,以及愈來愈龐大的 AI 和機器學習模型,為機器人的「大腦」提供解決方案,儘管我們未必能完全理解 AI 的運作過程。

仰賴這些模型的機器人和智慧機器,將變得日益強大,並持續令人讚嘆。有些電腦科學領域的專家認為,這條路徑是最佳的前進方向。他們主張,一切的核心在於數據,我們無需瞭解其中的運作過程,只需掌握如何向模型提供正確的數據,便能產生最佳結果。

然而,若真如此,我們將無法真正解釋為何機器學習模型會產生特定行為,或得知它們做出我們不滿意的決策或行動時,問題究竟出在哪裡。如果這類機器學習模型繼續主導發展途徑,我

們可能會培養出一代受過專業訓練的人才，但他們卻無法清楚解釋自己的工作內涵，也無法在問題出現時找出原因。我們對電腦科學基礎理論的理解將逐漸退化，一旦問題出現時，我們也只會臨時拼湊解決方案，而非以長遠的視角設計機器人系統。

情境二：雜亂的倉庫

我那些主張「一切核心在於數據」的同僚也許是對的，但如果這條道路最終被證明有錯，我們可能會廣泛部署那種出現問題時卻無法修復的技術系統。這才是我的噩夢，而非好萊塢電影中機器人突然發展出奇怪意識、並決定消滅人類的情節。

我最擔心我們最終會依賴一個龐大錯綜的系統，卻對其如何運作知之甚少，同時伴隨著堆積如山的廢棄技術和電子廢棄物。

情境三：科技與人性

本書的主題是第三種情境：讓智慧機器成為人類更聰明的工具。這是我從兒時便夢想的未來，也是我與世界各地的實驗室、企業，以及數千名才華橫溢的學生、同事和導師，共同孜孜矻矻數十年的目標。在這個光明未來中，機器人是經過認證的安全關鍵系統，具備明確且可理解的能力，能賦予人類「超能力」，協助我們完成各種認知和勞力任務，進而提升全人類的生活水準，讓我們的生活更充實且有意義。

是的,這是一個遠大夢想,但可能成真。所以,我們該如何達到這個目標?

我已經討論過程式設計和工程方面的條件,但我們還需要整合其他力量,這讓我想起了應對新冠疫情的經驗。我們需要社會各界的參與和投入,就像當初為了開發疫苗、或阿波羅登月計畫所動員那樣。我們雖然無法將新冠疫情的應對措施直接套用到機器人大規模部署的情境,但我們可以從這次獨特且超常的人類合作經驗中,汲取寶貴的洞見和教訓,為機器人的未來發展,制定切實可行的計畫。解決技術問題,克服機器人身體與大腦的工程挑戰,僅僅是邁向光明未來的第一步。

以數位分身(digital twin)為例,這是另一個潛在的變革性概念,融合了人性與科技。數位分身是在模擬空間中,重現現實世界的實體,它並非虛擬實境世界的化身。反之,透過數位分身,我們可以為複雜系統、人類、機器人、甚至城市,創造出最接近實體的虛擬模型,以便在模擬空間中研究「假設性」的情況。

數位分身由真實數據定義、形塑和不斷更新,它們存在或運作的模擬空間也同樣如此。我們可以建構城市的數位分身,來研究新建築和公共空間對交通流量的影響。研究人員已利用胰臟的數位分身,來幫助病人進行胰島素管理。人類心臟的數位分身,也愈來愈常被使用。

而模擬噴射引擎可協助監測飛行中的效能,將引擎實際運作時擷取的數據,和其虛擬分身的預測數據進行比較。如果實際數據與數位分身的表現有所出入,可能是問題的徵兆。

這一理念正在各行各業逐漸發展，我格外期待能打造真實人類的數位分身。如今，智慧手錶能追蹤我們的動作和心率，提供讓人略知一二的健康狀況。假如我們能蒐集更多數據，並建立和維護自己的數位模型，幫助我們每日做出更好的選擇呢？我的數位分身可能會建議我在工作過度時，應與朋友聚會；在壓力大的一天後，為我推薦或播放一首振奮人心的歌曲；或在出席國際研討會時，提醒我需要抽空運動、或多補充水分。

機器人的 11 項理想特質

當然，這其中的風險在於，我必須上傳大量的個人資訊，因此，我們需要極為完善的隱私保護措施和安全保障。若此種個人數位分身技術被廣泛運用或全球化應用，我們將需要社會各界的投入，確保使用上的安全和有益。

而且不僅是數位分身技術，對於所有這類技術，我們都應該以此種方式思考。我們需要社會科學界的參與，並參考政策制訂者和傳播專家的意見，來形塑這些技術對人類的影響。

我們考慮於全球部署更多智慧機器的同時，也必須建立防護措施和道德原則，確保技術的應用是為了眾人的福祉。具體細節將因產業而異，但我們可以就特定架構達成共識，明定我們希望未來的機器人系統應當具備哪些屬性。

我理想中的機器人和 AI 系統，應具備以下列 11 項特質：

1. 安全（Safe）

　　這或許是最簡單、也最顯而易見的要求。

　　無論我們討論的是遠端操作的無人機、智慧外科助手，還是能提升網球正手拍的穿戴式機器人動力衣，這些技術都必須對操作的用戶和周圍其他人，安全無害。

　　設計出更軟性、更具順應性的機器人，無疑有助於提高安全性，並能將更多工業機器人從受限的安全籠，釋放到日常環境。然而整體而言，我們必須始終秉持著「*毋傷害*」（do-no-harm）的理念，進行設計與設定目標，確保機器人系統在任何情境下，都能優先保障安全。

2. 資訊安全（Secure）

　　如果我們開始向這些智慧系統，上傳並分享更多個人資訊，例如，數位分身的案例，便需要強大的安全控制措施，來保障個人隱私。任何資訊都不應在未經當事人同意與核准的情況下被分享——即便是我那款軟性機器人動力衣所捕捉的網球揮拍數據，也不例外！

　　我們需要確保這些技術具備抵禦駭客攻擊的能力，並透過先進的加密技術和嚴密的資安策略與措施，進行全面防護。

3. 輔助性（Assistive）

最終，人類應該掌控所有涉及 AI、機器學習和機器人技術的關鍵決定或重大決策。這些系統雖然能提供建議，但不能取代人類的判斷。當人類與科技協同合作時，最終的決策權應當始終掌握在做為合作者或操作員的人類手中。

4. 具因果關係（Causal）

具有因果關係是稍具技術性、但極為重要的要求，指的是行為和後果之間的關聯。

在機器人技術和機器學習中，因果系統能夠說明內部和外部干預如何影響系統輸出，辨識其輸出值是否因特定干預而改變，進而釐清因果關係並進行調整。但是現今，單純依賴相關性模式辨識的機器學習，並無法提供穩健的預測與可靠的決策。

在機器學習領域和生活諸多情境中，相關性並不等於因果關係。例如，若你喝了一杯水後感到頭痛，並不代表喝水就是引發頭痛的原因。基於因果推理原則（而非單純相關性）的新型機器學習方法，將能提升解決方案的效能和通用性。

我們的「液體網路」解決方案便能展現出因果關係，而德國電腦科學家史科夫（Bernhard Scholkopf）對於機器學習的因果關係發展，已做出了重要貢獻。史科夫的研究聚焦於結合因果推理與統計學習技術，並從數據推斷因果關係。整體而言，我們需要更

多可證明因果關係的解決方案，這將使機器人更能理解被指派的任務，並以可靠且可預測的方式執行任務。

5. 可通用（Generalizable）

機器人總會遇到未經訓練的情況，因此我們需要更清楚系統會如何應對陌生的環境或情況。我們需要能在不確定性中推理的模型。對此，我的學生和合作夥伴正展開一些未來可期的研究，致力於開發能在不確定或極端環境中學習的自主代理系統。

一般來說，我認為較小的模型較能發揮重要作用。例如，我們的液體網路模型已證明，於特定環境（如夏季森林）訓練的模型，可在無需額外訓練的情況下，轉移至截然不同的環境（如冬季森林或都市環境），且表現良好。

我們還證明了，我們能訓練無人機搜索如靜止的紅色椅子等特定目標，並將模型的應用廣泛化，進而用於追蹤移動中的紅色背包。更重要的是，我們能將模型內部的運作視覺化。以自動駕駛為例，當自駕車在模擬中突然偏離道路，我們可以回溯檢查程式哪裡出了錯，然後修復問題，降低未來發生類似情況的機率。

6. 可解釋（Explainable）

當今流行且廣泛部署的 AI 和深度學習模型，不僅規模龐大且耗能，更令人困擾的是，我們無法確切理解它們為何會做出特

定決策或生成特定結果。這不僅僅因為規模龐大,也因這些模型是用大數據進行自我訓練,結合人類的輸入資料,學會在多數情況下產生良好結果。然而,當模型產出了我們不滿意的結果時,我們往往難以回溯檢查其內部運作過程。

由於參數數量龐大,加上人工神經網路層次複雜,我們缺乏簡單且可靠的方法能剖析模型的運算,明確找出問題根源。現今的 AI 系統有如黑盒子,決策過程是由數十萬個人工神經元和彼此間數百萬條連結,進行運算處理。對於像機器人這樣的安全關鍵系統來說,無法理解模型的決策過程,使得應用時存在了重大風險。比方說,若一輛自駕車做出了危險的選擇,我們必須知道原因,以便修正模型,降低未來發生類似問題的可能性。

如果 AI 引擎建議保險公司拒絕我的保險申請,它應該要能提供合理的理由。例如,若系統根據醫療影像,得出我可能患有某種疾病的結論,我和我的醫師應該要能瞭解 AI 系統如何得出此結論。同理,如果我們讓 AI 系統協助法官為罪犯裁定合適的刑罰,則 AI 的推理過程就必須清晰可辯駁。

AI 模型若要成為文明社會裡正常運行的智慧機器,就必須具備可解釋的能力。否則我們在社會中極力剷除的偏見,也許會重新滲透進智慧機器的決策之中。此外,如果我們無法解釋 AI 系統如何產出結果,就無法很有自信的預測它接下來的行為。我們可以懷抱希望,甚至憑著某種機率,期望它會做正確的事,但這終究不是絕對的保證。而且,如果我們無法真正理解 AI 決策過程的繁複細節,恐怕連機率都難以估算。

7. 公平（Equitable）

近期研究顯示，深度機器學習系統易受普遍存在的演算法偏誤所影響，特別是對於訓練數據代表性不足的實例。這個問題至關重大，因為深度學習模型日益廣泛應用於社會各領域，已然成為許多安全關鍵應用的核心，包括自駕車、金融市場預測、醫療診斷和藥物開發流程。

這些演算法長期下來能否被接受，不僅取決於訓練期間的表現，還取決於它們的通用性、安全性和公平性，尤其是在應用範圍和數量不斷擴大的情況下。

許多研究團隊正致力於修正這些偏誤，我的學生阿米尼和我也積極投入解決此問題。我們開發了去偏誤演算法，能自動評估資料集裡與任務相關的顯著偏誤特徵。

我們的研究顯示，此解決方案可自動揭露資料集潛在結構中隱藏的演算法偏誤，並提出了新方法來幫助模型消除偏誤，減輕偏誤的影響。我們還展示了如何透過檢視模型的不確定性、以及模型與訓練數據之間的關係，來辨識資料空間中的缺項，並提出資料強化建議。

這讓我們能夠辨識資料集裡哪些數據項代表性過高或過低，隨後我們可以利用這些資訊來提升數據的品質和代表性，建立平衡、公平且不偏頗的模型。

8. 經濟實惠（Economical）

我們在考量新技術的成本時，往往會輕忽價格上的考量，並引用手機的普及案例，做為藉口。最初，手機僅有社會中最富有階層在使用。1987 年的電影《華爾街》中，貪婪的交易員蓋柯用的手機還是磚塊大小，當時那樣一臺手機要價相當於現今一萬美元以上。然而時至今日，只需不到一百美元，就能購得更先進的裝置。

手機雖是特殊案例，但它也提供了深刻啟發。做為工程師、投資人、創新者和政策制定者，我們應當竭盡所能，確保本書所描述的機器人和 AI 系統也能循著類似路徑，成為普及且經濟可負擔的產品。

如前一章所述，改變機器人設計和製造方式，也許是朝此方向邁進的重要一步，我們可以將設計重點集中在更經濟實惠的材料和元件上。此外，我們或許應該採納新的經濟模式，例如日益流行的「機器人即服務」（Robots-as-a-Service）。與其將機器人直接出售做為廚房或倉庫的助手，不如以較低的價格提供租賃服務。長期發展下來，租賃模式也許有助於機器人的普及與使用，使製造成本逐漸降低，進而讓企業和個人更易負擔機器人產品。

至於如何具體實現這目標，我無法給出確切答案，畢竟我是工程師、不是經濟學家。但我們必須竭盡所能，確保這些工具不會僅成為富裕階層的玩物，而能廣泛造福社會各階層。

9. 經過認證（Certified）

目前在機器人領域，尚無專門的監管機構，負責認證與管理機器人相關的研發工作。我們需要建立一套完整的測試、評估和認證機制，甚至可能需要像美國食品藥品管理局（FDA）那樣的監管機構，負責評估智慧機器的安全與效能，並在機器人上市前核准其特定用途。

挑戰將會在於，如何在確保安全部署的程序與鼓勵創新之間找到平衡。創新是進步的基石，我們不應抑制創新。如果我們做法正確，監管機構、監督機關與認證程序將不僅能保障安全，還能有效引導並促進創新，而非扼殺創意。

10. 永續（Sustainable）

現今的 AI 與機器學習模型，仍建立在數十年前的理念與方法之上。這些模型之所以能實現令人驚嘆的成就，主要因為它們獲得了遠超過以往的數據和算力。然而，我們並未真正改變這些模型的固有設計或基本架構，只是讓它們變得更大、更快，同時消耗更多資源。

運行這麼大規模的模型不會毫無後果。首先，我們無法理解這些模型如何進行預測，且訓練它們所需的數據量極為龐大。此外，解決方案的優劣完全取決於訓練用的數據品質。如果數據中存在偏誤，模型的表現也會同樣偏頗。

其次，運算並非毫無成本，處理器運行需要電力。如果電力都來自傳統的化石燃料發電，對環境的影響可能不堪設想。麻州大學阿默斯特分校的電腦科學家在 2019 年的研究指出，訓練一個深度學習模型，平均消耗的電力會釋出大約 62.6 萬磅的二氧化碳，相當於五輛車整個使用壽命內的總排放量。

我們可以制定措施，鼓勵研發人員和用戶僅使用再生能源供電，就像許多支援雲端服務的資料中心如今的做法一樣。然而，我們不僅要注重能源來源，還需要重新思考更高效的模型設計。這些模型可能類似於第 11 章〈機器人如何學習〉描述的液體網路，也可能完全不同。如果我們能將開發深度神經網路的創新思維，應用於開發永續的機器學習解決方案，便有望設計出更小巧且永續的模型。

11. 具影響力（Impactful）

本書提及的諸多應用都非常實用，不過也有些是稍微或完全異想天開。儘管如此，我們開發的技術不必局限於最初設想的用途，我們可將機器人與 AI 領域取得的突破，另外用於其他有益無害的用途。

雖然我不認為短時間內，全自駕車會充斥街頭，但我們可以將目前獲得的自駕車技術知識應用於更簡單的議題。例如 2020 年新冠疫情爆發之初，我和一群同事設計了行動機器人，用於巡邏並消毒大波士頓食物銀行。這個機器平臺基本上是縮小版的自

駕車，我們相信它可以安全運行，也因為食物銀行的倉庫是靜態且低複雜性的環境。而且我們知道，由於機器人都在夜間運行，與意外因素的互動會降至最低，而且機器人不需要高速移動，就能完成全區消毒。

簡而言之，我們把建造某類機器人所學到的一切，用於快速開發和部署另一種全新類型的智慧機器，解決了截然不同、但現實緊迫的問題。相同的原則和經驗還可用於設計自駕輪椅、航運港口的自動搬運機等更多應用。

我們可以進一步拓展問題解決方案的思維範疇，發揮創意，探索如何讓開發中的各種機器人和 AI 解決方案，超越原本設想的用途，並重新應用這些技術來嘉惠更多人。我與機器人學界的同僚，始終全心全意致力於開發能讓世界更美好的機器人。我們堅信，機器人可以用來造福人類，促進更多的公益與福祉。

但我也心知，並非所有人都抱持著相同態度，也不是每個人都會致力於建造能幫助更多人的機器人。我們必須正視這種可能性，並時刻警惕那些可能使技術朝不良方向發展的途徑。

我們必須深思：哪些環節可能會出錯？

第 14 章

可能發生的問題？

🤖 駭客入侵

2015 年,資安研究人員米勒(Charlie Miller)和瓦拉塞克(Chris Valasek)成功從遠端駭入了一輛吉普汽車(切諾基車款)。這輛車是米勒自己的車,雖不是自駕車,但如同所有現代汽車一樣,搭載了大量電子元件和電腦系統,並且能夠連接外部網路。

兩人坐在米勒家的客廳,從遠端發現了汽車音響系統的網路安全漏洞,相當於發現了未上鎖的門。他們利用這個進入點,進一步連接並侵入車輛的其他晶片,最終成功向吉普汽車的控制器區域網路系統傳送訊息。

兩人後來也發現,他們可以在車輛行駛時,從遠端控制汽車的煞車與轉向系統。假使有人正在開車,他們甚至可以讓吉普汽車駛離高速公路,或在車流中緊急煞車。更有甚者,一旦找到進入點,他們的控制範圍並不僅限於米勒自己的吉普車。米勒後來寫道:「從各個層面看來,這都是你能想像的最糟情況。我們只需坐在家中客廳,就能從遠端入侵全美一百四十萬輛這款汽車的任何一輛。」

需要特別強調的是,米勒和瓦拉塞克並未因他們的發現而採取任何惡意行動。他們扮演的是「白帽駭客」的角色,即專門揭露網路安全漏洞的專家,目的是要協助製造商和服務提供者修復缺陷、強化防禦。此外,他們並非唯一展現遠端車輛駭客能力的人。數年後,另一支團隊在一場年度競賽中,成功透過資訊娛樂系統駭入了一輛特斯拉 Model 3 轎車。特斯拉迅速修復了這個資

第 14 章　可能發生的問題？

安漏洞，防止任何人再次利用相同弱點。

然而，這些例子和類似事件顯示出：隨著更先進的半自駕車和各類機器人日益普及，產生了部分潛在風險。機器人不僅容易受到相似於電腦的網路攻擊，甚至可能面臨更多威脅，畢竟它們的行為會直接影響實體世界。傳統網路安全並無完美或萬無一失的解決方案，無法為電腦或網路建立堅不可摧的安全屏障，而這原則同樣適用於機器人內部的電腦系統。

雖然如此，這些風險也不全然負面。以確保自駕車和其他自主機器人免受駭客攻擊為例，這樣的需求可能會創造大量的就業機會。2019 年，網路安全已發展為價值高達一千五百億美元的全球產業，主要涵蓋靜態、行動或連網電腦系統。隨著我們賦予電腦更多與世界互動的能力（也就是把它們變成機器人），對於訓練有素的資安人才和資安公司的需求將大幅提升，以便開發和維護更完善的系統安全防護措施。有鑑於此，機器人不僅不會取代我們的工作，反而將帶來更多新的就業機會。

然而，危險或負面結果的風險可能並不限於駭客和其他惡意行為者。2022 年，一起事件曾在網路上短暫引發熱議：有一臺機器人在一場人機對弈的國際西洋棋比賽中，夾傷了一名男孩的手指。

這機器人的大腦是針對西洋棋優化的 AI 系統，但身體卻是一條固定式機器手臂，基本上是為工業用途的拾取與放置操作而設計的。這類機器人在設計上無法感知或應對人類以及周遭環境的其他突發物體，因此通常會布置於安全防護籠中作業，以避免

發生意外。據報導,參賽者被告知,輪到機器人下棋時,不要將手靠近棋盤,但是該男孩顯然忘記了。他靈光一現,心急於實現自己的想法,便在機器人準備移動棋子時,伸手去拿棋子,結果被機器人夾住了手指。

顯然,男孩並沒有錯,但我也不認為機器人必須負全責。事實上,拾取放置型機器人畢竟在功能上存在著根本限制,真正的責任應該歸咎於那些決定讓機器人與孩童近距離互動的人。

機器人走出實驗室進入實體世界後,我們該如何預見類似情況?如何盡可能減少意外事故?所幸,我們確實擁有一些選擇。

機器人可能出錯

多年前,我曾與機器人領域的創始人之一進行交流。這位先驅解釋,機器人技術發展初期,大型專案啟動時,很少會優先考慮「可能發生的問題」。當時的重點在於讓機器人完成一項新任務,或展示前所未有的功能。看到機器人能完成某件事,就如同目睹孩子第一次邁步一樣,令人興奮。

這種做法完全可以理解,畢竟 1970 年代乃至 1980 年代的機器人,能力極為有限。但如今,情況已大不相同。機器人不僅在我們的客廳地板穿梭,還能在火星的紅色沙地上探勘;它們與外科醫師並肩作業於手術室內,它們的智能更高了、速度更快、力量更強,能力也更全面。因此,我們必須更努力預見所有潛在的危險、風險和可能出現的問題,並在任何大型專案、新機器人或

第 14 章 可能發生的問題？

新功能開發的整個週期內，持續進行各類風險評估與管理。

假設我們將使用範圍限縮在「用於改善醫院內運輸的自駕輪椅和輪床」來討論。即便如此，仍存在諸多潛在的負面結果。惡意行為者可能會駭入並控制這些機器人；缺乏知識的人可能會在不適合、甚至危險的情境和環境下，使用它們，就像國際西洋棋機器人的案例一樣。

此外，還可能出現相對簡單的機械故障和控制問題，例如，硬體出毛病、電纜磨損或斷裂。如果資料品質太差，軟體還可能做出偏頗的決策，甚至犯一些簡單的錯誤。是的，錯誤！機器人會以無比精確的方式執行程式，但如果程式本身存在漏洞，或機器人遇到程式未涵蓋的情況，甚或出現感知錯誤或控制稍不精確的情況，機器人就會出現我們認為的錯誤。

當然，人也會犯錯，但我們能否容忍機器人出錯呢？有人或許會僥倖認為，如果自駕車表現得與人類駕駛一樣好，或它的錯誤率（或者是精準度）和人類相當，那它就是安全的。但是，問題在於，機器人犯的錯誤與人類不同。特斯拉首例自動輔助駕駛系統致死的事故，就是因為汽車的感知系統未能辨識出白雲背景下的白色卡車。即便特斯拉預先設計好了車輛程式，讓它遵循艾西莫夫的機器人三定律中的第一條「機器人不得傷害人類或因不作為而使人類受到傷害」，也無法保證避免這樣的悲劇。特斯拉智慧系統的大腦犯了個錯，一個人類永遠不會犯的錯。

另一方面，特斯拉智慧系統倒是不會在開車時打瞌睡，不會在酒吧貪杯後上路，也不會邊開車、邊分心傳簡訊。

避免面臨電車難題

我們在考慮將更多智慧機器人導入現實世界時，必須平衡、分辨、並正視這些差異，同時界定我們對機器人犯錯與缺陷的容忍度。此外，如上一章所述，我們或許需要建立一套正式的機器人測試、評估、認證和稽核機制。最重要的是，我們必須確保人類在設計機器人決策模組的過程中，擁有主動權和關鍵角色，一旦機器人犯錯或執行我們不樂見的動作時，也能以人類語言解釋其中的邏輯。換句話說，我們需要確保「科技中融入人性」。

假設機器人面臨艱難的抉擇情境，以經典的「電車難題」為例，這個典型案例圍繞著一系列「是否應犧牲一人，以拯救更多人」的道德與心理學困境。〔附記：原始的電車難題情境是這樣的：一輛失控的電車在鐵軌上疾馳。主軌道前方有五個人，電車正朝他們駛去。而你站在一旁的鐵道上，手邊有一根拉桿。你拉下這根拉桿，電車將會轉向另一條軌道，但那條軌道上有一個人。此時，你有兩個選擇：（1）什麼都不做，讓電車繼續沿著主軌道行駛，撞死五個人；（2）拉下拉桿，讓電車轉向另一條軌道，但會撞死另一人。哪個選擇更有道德？抑或，何者才是正確的作為？〕

電車難題正是自駕車在現實生活中自主運行時，可能面臨的倫理挑戰。當我談及自動駕駛時，許多人都會提到電車難題，並討論它對自駕車決策的影響。如果自駕車必須在向左轉碾壓一群老年人、或向右轉撞上一名兒童之間做出選擇，該如何抉擇？

顯然，這兩個選擇都不理想。我始終認為，如果機器人具備

更強大的感知和控制能力,它將不需要陷入這種兩難,因為它可以提前偵測到兩組人,並及時停車。然而,我們也必須確保人類能預見、解釋並理解機器人在關鍵安全情境中的行為。我們需要讓「人性」與「科技」協調運作,以確保「人性」能以可預測的方式引導「科技」的行動。因此,我們或許可以考慮制定一套道德規範,來建構自駕車的決策過程,並將這套道德規範清楚傳達給所有自駕車的使用者。如此一來,機器人的決策將不再是單純的「像機器人一樣」,而是更接近那些深思熟慮的倫理學家或設計其 AI 推理模組的人類所做的判斷。

身為「機器人之母」,我致力開發的機器人技術是永遠無需將殺害人類當作選項的科技。我明白這迴避了電車難題的核心哲學辯論,但請想像這樣一個未來:自駕車能透過連網技術,和其他車輛和安裝在道路和建築物上的感測器進行通訊,增強它們對周遭環境的狀況認知。這種車對車(V2V)或車對路(V2I)的技術,將讓自駕車能「看見」轉角處的情況。因此,自駕車在抵達路口前,就能察覺有孩童正從轉角奔向路口,並在需要選擇左轉或右轉之前,安全停下來。

集思廣益,探討潛在問題

我們無法預見所有問題、危險或錯誤,因此也難以事先完全做好計畫與防範,但我們仍需盡最大努力,以全面且具創意的方式,深入思考所有可能出錯的情境。每次開發機器人技術時,我

們都應花時間徹底釐清其影響,包括潛在的危險與濫用風險、可能面臨的道德困境和所需建立的監管與法律架構,以確保安全、高效且公平使用新技術。

所以,我們該如何著手?首先,我們需要多元觀點和想法。2015 年,當我們在麻省理工學院啟動自駕車計畫時,召集一百多位思維領袖,舉辦了一場精采緊湊的研討會,大家集思廣益,探討自駕車可能被用來造成危害的各種方式。我不會詳述討論內容,以免為惡意行為者提供新的靈感,但這類討論必須成為任何機器人技術專案的重要環節。我們需要全面考量倫理道德、責任分擔、監管限制等多方面的議題。科技唯有在完善的配套政策支持下,才能順利融入社會,而這些政策應清楚定義科技發展所需遵守的商業契約與社會規範。

那次研討會成果豐碩,但這類討論不應僅限於學界。我們應該廣納社會各界和世界各地的不同聲音與觀點,包括:

技術專家:具備基礎科學與工程知識,瞭解當前技術能力與未來潛力的人士。

資安專家:熟悉網路安全最佳做法與方法,並能將其應用於機器人領域。

白帽駭客:擁有駭客技能和創造力,能夠找出潛在資安漏洞的專業人士。

政策制定者:能夠設想地方郡縣、州省、以及聯邦政府與各機關會如何看待新技術構想。

犯罪學家或心理學家：具備相關訓練與經驗，能夠思考行為惡劣者可能不當利用機器人的方式。

科幻作家、電影製作人、藝術家及其他創意人士：擁有豐富想像力，能夠預見和描繪各種不同的未來、以及科技可能對世界產生的影響。

倫理學家：引導並形塑機器人及其設計者的行動與決策。

經濟學家：具備專業技能與知識，能夠預見「確保科技能長期惠及更多人」的方式，而不是只對富人有利。

投資人：提供意見回饋，評估專案能否獲得並維持足夠的資金，來支持專案的進展，或協助設計初期的策略，以提高成功機率。這類專案往往成本高昂，我親眼見過許多原本極具潛力的機器人計畫，最終因資金不足而遭埋沒。

這份清單說不上詳盡無遺，但它代表了我們需涵蓋的多元觀點，以確保未來的智慧機器能造福最多數的人。我們還可納入律師、保險專家等其他專業人士的意見。我不認為這些會議會淪為缺乏清晰目標的泛泛而談。這些關於「潛在問題」的會議不能只是一般的腦力激盪聚會，其中這般自由且富創意的思考，必須落實成為技術開發的關鍵要素，而我們也需要設定具體的結果或行動計畫，即便這意味著專案計畫也許得重回設計階段重新構思，或因不確定性過多或風險過高而被束之高閣。

我們可以借鑑上一章所提出的架構，要求所有重要的新機器

人技術、機器學習或 AI 計畫，至少滿足下列多數（若非全部）標準：

1. 安全
2. 資訊安全
3. 輔助性
4. 具因果關係
5. 可通用
6. 可解釋
7. 公平
8. 經濟實惠
9. 經過認證
10. 永續
11. 具影響力

　　負責集思廣益的團隊可以自行進行評估或制定計畫，以確保所有相關指標均得以滿足。但問題是，究竟由誰或哪個機構來執行這些規範，或負責確保機器人符合要求？在美國，每個人在取得駕照之前，必須通過多項測試；汽車製造商必須確保車輛符合國家公路交通安全管理局的規範；製藥公司需向食品藥物管理局的獨立專家小組證明新藥的安全性與療效，產品才能合法上市。或許，我們也需要類似的機構來監管機器人和 AI 技術。我並不希望此類監管措施阻礙創意或削弱創新，但如果能建立一套標準

化的測試與評估體制，為機器人或 AI 進行認證，以確保機器人或 AI 符合上述標準，那將會成為推動機器人技術未來發展的強大力量，同時確保機器人技術能為人類帶來最大福祉。

防範惡意使用

即便我們實施了這些流程和標準，惡意行為者仍是我們需要擔心的問題。

本書多次提及虛構人物東尼・史塔克，他利用科技讓自己化身為超級英雄鋼鐵人。這個角色對我深具啟發，然而我經常提醒自己，他在故事中的事業生涯，是做為麻省理工學院畢業的武器製造商和軍火開發商開始的。2008 年的電影《鋼鐵人》中，他之所以改變初衷，是因為他發現自己公司研發的專用武器，被恐怖份子利用。

別忘了，機器人只是工具，它們本質上並無善惡之分，關鍵在於我們選擇如何使用它們。2022 年，無人機在毀滅性的戰爭中被雙方用作武器。任何人都可以購買無人機，但各國和國內不同地區對無人機的使用規範各有不同。以美國為例，聯邦航空總署（FAA）要求所有無人機都必須註冊，但重量低於 250 公克的玩具機等部分機型例外。相關規範也會因使用目的而異，如娛樂用或商業用。

然而，無論法規如何，任何人都可能利用飛行機器人來造成傷害，就像任何人都可以用錘子傷人，而不是用來釘木板一樣。

但是無人機也被用於極具價值的用途,例如,在偏遠地區運送重要醫療物資、監測森林的健康安全狀況,或協助像佩恩(見第38頁)這樣的科學家觀察和保育瀕危物種。

2012年,我的團隊曾與碧洛伯樂斯現代舞團合作,共創了首度聯合人類與無人機的戲劇演出,當時用了一款名為「熾天使」(Seraph)的機器人。因此,無人機也可以成為舞者。在科幻小說家羅賓遜(Kim S. Robinson)的預言式小說《未來部門》中,一群無人機被用來摧毀一架客機。但我亦能想像,這群機器鳥被善用於諸多有益的用途。

俄羅斯對烏克蘭開戰之初,俄國試圖限制其公民接觸公正客觀的新聞和資訊,藉此控制和形塑兩國衝突相關的敘事。戰爭的真相被抑制,讓我不禁心想:我們能否派遣一群飛行螢幕,排列成巨大的空中顯示器,出現在俄羅斯各大城市廣場中央,播放戰爭的真實畫面,而非政府批准的片段?抑或,更簡單的方式是,利用成群的飛行數位投影機,將戰爭畫面投影在建築物牆面上,讓所有人都能看見。如果我們部署夠多的無人機,也許能多到難以被關閉或阻止。

機器人學家的希波克拉底誓言

東尼·史塔克這個角色因其經歷而轉變,最終致力於為世界帶來正向影響。然而,我們不能等待所有技術專家經歷撼動人生的劇變後,才做出改變,也不能寄望智慧機器在開發並投入使用

後,人人都會善加利用。但這並不意味著我們應該停止機器人技術的研究,畢竟潛在益處巨大無比。我們能做的,是更深入思考可能的後果,並建立必要的防範措施,確保這些技術能帶來正面積極的影響。雖然我和其他同僚無法完全掌控這些工具在世上的使用方式,但我們可以更有力的影響設計與製造這些工具的人。

現在我的大學或全球同行的實驗室中,或許有類似東尼·史塔克特質的人才。我們必須盡全力確保這些才華洋溢的年輕人,致力於為人類創造正向影響。大學實驗室和研究中心確實應該注重多樣性,但我們或許還能進一步影響那些與我們共事的年輕學者。例如,我們可以要求學生研究曼哈頓計畫、以及與建造和使用原子彈相關的道德倫理困境。目前,倫理課程尚未成為機器人或 AI 高等學位的必修內容,但或許應該列入。或者,何不要求這些科系的畢業生,像醫師一樣宣誓遵守專為機器人和 AI 設計的「希波克拉底誓言」呢?

希波克拉底誓言源自古希臘一篇醫學文本,可能是由哲學家希波克拉底撰寫,也可能並非出自其手,但它在數世紀以來不斷演變。這份誓言基本上代表了醫師應當遵守的醫學道德標準,其中最著名的一則誓言是承諾「毋傷害」,即避免蓄意為惡。

此外,我也十分讚賞這份誓言受到醫師團體的重視,並強調師生之間神聖的聯繫。隨著學生步入社會,我們愈能維持機器人學界的緊密聯繫,就愈能引導機器人技術邁向正向的未來。現今希波克拉底誓言並非醫師證照的統一要求,我也不認為它會以相同方式適用於機器人學家。當然,我並非第一個提出這種可能性

的機器人專家或 AI 領域的領袖。然而，我們應該認真考慮，讓這成為一種標準做法。

原子彈發明之後，當科學家造成傷害的潛力驟然顯現時，曾有人提出為科研人員制定類似希波克拉底誓言的想法。這類討論偶爾會浮現，但鮮少引起廣大共鳴。這是因為科學研究，本質上是對知識的追求，從這個意義來說，它應該是純粹的。但機器人學和 AI 則有所不同，我們正在建構的技術將直接影響全世界、人類和其他生命。因此，機器人領域某種程度上更類似醫學，因為醫師運用其專業訓練，直接對個體生命產生影響。

要求科技專家正式宣讀一份機器人學或 AI 版的希波克拉底誓言，或許有助於推動機器人領域進一步朝正確方向發展；甚至在個人被要求開發具惡意用途的機器人或 AI 應用技術時，可產生一定的制約作用。

應為與不應為

當然，判斷機器人的用途究竟是善是惡，完全取決於個人所站的立場。我堅決反對賦予有武裝的機器人（或武器化機器人）自主權。我們既不能也不應信任機器人能自行決斷是否對某個人或某群人施加傷害。

就我個人而言，我希望機器人永遠不被用於傷害任何人。但如今這樣的想法已是不切實際。機器人早已被用作戰爭工具，但我們仍有責任竭盡所能，確保機器人的使用符合道德倫理規範。

因此,我並未局限自我於友善且愉悅的機器人烏托邦裡從事研究,而是正視現實。事實上,我還教授國家安全人員有關 AI 的課程,並就 AI 技術的優勢、劣勢及功能,向他們提供建議。我將此視為一項愛國義務,並且很高興能幫助政府官員更深入瞭解機器人及其他 AI 強化的實體系統,包含其限制、優點和可能性等等,像是它們的能力與不能、應為與不應為、以及我認為它們必須做到的事。

到頭來,無論我們如何努力宣導科技的局限、AI 的道德倫理規範、開發如此強大工具的潛在危險,人們總會做出自己的選擇,從剛畢業的學生到資深國安官員,盡皆如此。而我的期許與教導是:無論如何,我們應該選擇行善。儘管諸多企業致力於幫助人類延年益壽,但我們在這顆薩根(Carl Sagan)所稱的「黯淡藍點」上度過的時間,依然有限。我們應該珍惜人生在世的這段時間,竭盡全力,為美麗的環境和共享這顆星球的繽紛生命,帶來正面影響。

我數十年來致力於開發更有智慧、更強大的機器人,但是研究工作反而讓我更欣賞、甚至深深讚嘆在地球上爬行、行走、游泳、奔跑、滑行與翱翔的奇妙生物和美妙植物。我們不該專注於開發可能消滅宇宙間珍稀生命的技術;反之,我們應該致力於開發保護珍稀生命的技術,甚至幫助各種生物蓬勃發展。此原則適用於所有生命,包括格外關注智慧機器崛起的物種——人類。

我們與機器人的光明未來

第 15 章

未來工作

🤖 機器人讓工人不再像機器人

　　機器人對人類勞動力構成威脅的強烈恐懼，其實與當前工廠和職場的實際情況並不完全相符。我的同事、麻省理工學院政治學家柏格（Suzanne Berger）曾與我分享一個故事，生動反映了這種落差。

　　柏格與她的研究生團隊花費數年走訪全球各地工廠，採訪經理人和工人，並深入研究這些企業的技術採用與人才招募趨勢。柏格團隊發現，相較於2010年代的預測，工廠機器人數量實際遠低於預期。當時的輿論普遍認為，機器人全面接管職場的時代即將到來。然而實際情況是，他們所參訪的製造公司多半甚至尚未部署任何機器人。儘管如此，柏格特別提及一家工廠案例，其中展現了人類智慧與科技協作的非凡潛力。

　　這家德國製造廠〔附記：出於保密協定，不寫出該廠名稱〕採用了人形機器人，廠內人員稱它為「綠巨人浩克」，因為它體型龐大、力氣驚人，而且部分覆蓋著綠色塑膠外殼。柏格站在機器人前面，觀察它如何與人類夥伴合作。這個人形機器人能夠抬起六十磅重的新造工具，並轉動它，方便工廠人員檢查。一旦人類員工核可該項工具，機器人便將其放入盒子，準備包裝和運送。

　　機器人加入生產線之前，這項工作需要兩名工人協力完成，輪流抬起、轉動、檢查和包裝這些沉重工具。現在，如此繁重的體力活已經交由機器人負責，而工廠人員則更專注於運用人類的知識、經驗、推理與決策能力。此外，原本兩名工人的另一人也

並未因此失業，而是轉任了工廠內的其他職務。

原本的工作在其他方面也有所改善。自從安裝人形機器人之後，該公司便調整了檢查工具的輸送產線。此前，產線以固定速度運行，並在預定的時間間隔停工，讓工人可以休息、喝咖啡或上廁所。如今，新的「人機搭檔」模式提升了效率，讓公司將部分流程控制權交還給工人。現在，工人願意的話，可以加快工作速度，以爭取更長的休息時間；或者根據個人需求，調整一天的工作節奏，有時加快步伐，有時放慢速度。當然，生產目標仍需達成，但工人對於如何完成目標擁有了更多自主權。事實上，機器人的導入讓這份工作變得「較不機器化」了。

儘管愈來愈多證據顯示機器人對工作的正面影響，但對於機器人威脅人類勞動力的憂懼，依然普遍存在。根據皮尤研究中心（Pew Research Center）2018 年的報告，已開發國家有 65% 到 91% 的人民相信，機器人和電腦將取代目前由人類從事的工作。只有不到三分之一的人認為，更高薪的新工作將會隨之出現。

然而現實情況卻大不同。2022 年，美國勞工部勞動統計局發布一份報告，分析了各種令人憂心的預測，結果並未發現 AI 加速失業的證據。

且不論 AI，柏格團隊造訪的許多企業仍然高度仰賴 1940 年代和 1950 年代購買的老舊機器。這些工廠也並非成功的社經典範，它們多半雇用了低技能、低薪的勞工，而且，正如薪資水準不高的工作通常會出現的情況，人員流動率也相對較高。研究人員指出，如果諸多書籍和文章的預測成真（包括 2017 年世界經

濟論壇的重要報告），那麼機器人應該早已在工廠中隨處可見。實際情況卻是，先進的智慧機器仍然難得一見。

不過，當柏格團隊造訪配備機器人的工廠時，發現自動化往往會帶來出人意料的影響。例如，除了使用「綠巨人浩克」人形機器人的工廠之外，他們還參觀了一家汽車製造商，該公司在工廠內安裝了一百零五臺工業機器人。但這些機器人並未奪走人類的工作，反之，該公司的員工數還增加了一倍多。

其他調查研究也有類似發現。2022 年，法國公學院經濟學家艾吉昂（Philippe Aghion）帶領的研究團隊發現，平均而言，自動化似乎促進了企業的人才招募。更多機器人並不意味著工作機會減少，反而代表了就業機會增加。

此外，一項由日本經濟學家足立大輔（Daisuke Adachi）主持的長期研究顯示，1978 年至 2017 年間，每千名工人增加一臺機器人，日本製造公司的就業率平均增長了 2.2%。

然而，這種自動化與勞動力之間看似存在的直接關聯，並非所有情況下都成立。法國、美國、加拿大、德國和荷蘭的其他研究顯示了相互矛盾的結果。有時，機器人的導入確實促進了企業招聘；但其他情況下，勞動力規模卻有所縮減。

自動化的影響主要取決於工作類型。研究人員推測，所謂的「中階技術」工作者將受到最大衝擊，這類工作通常由可程式化且易於自動化的例行事務組成，例如，行政支援、生產與維修職位，甚至部分銷售職務。機器學習正逐漸具備執行這些中階技術任務的能力。不過，經濟學家至今尚未見到機器人全面取代中階

技術工作的現象,這類工作並未如預測般消失。

此情況仍持續發展,但機器智慧無疑將大幅改變我們的工作方式,甚至許多時候可能會改變我們的職業內容。當然,工作型態的轉變已持續了數個世紀,唯一的差別只在於驅動改變的科技形式不同。1800 年,每十個美國人當中,有九人從事農業;到了 2000 年,此數字縮減至每百人中僅兩人。這不代表其餘的九十八人在 2000 年都失業了,而是勞動力轉移到了不同、甚至全新的產業。例如,汽車取代馬匹成為主要的交通工具時,與馬相關的工作大幅減少,但社會突然需要一批新的專家和勞工來製造和維修汽車、設計和建造道路及高速公路等。四輪「機器馬」的崛起創造的就業機會,遠遠超過了它所取代的職位。

舊工作消失,新工作不斷湧現

回顧過去的工作史,我們會發現,技術並未使工作自動化,而是使任務自動化。學術界內外的研究一再證實了這個觀點。各職業類別中,人們分別從事各種任務,像是應用專業知識、管理他人、處理資料、與同事和利害關係人溝通、從事可預測和不可預測的體力勞務等。目前的機器人技術解決方案,最適合自動化數據處理任務和可預測的勞力工作。

有時,我會參觀一些工廠,觀察它們的營運,並為企業提供建議,指出哪些流程可以交由機器人系統執行。有一次參訪,我看到一名男子在輸送帶旁整理和分類零件。他一邊工作,我們一

邊交談；他顯然相當健談，且對自己的工作感到自豪。然而，他從事的工作內容重複且單調，其實更適合交由機器人完成。我並不希望此人因此失去工作，而是希望他能轉向另一份職業，充分發揮長才。

隨著時間推移，類似職務可能會逐漸消失，但新的職位也會不斷湧現。相較於設想未來可能出現的新工作，大家更容易指出哪些工作將會消失。過去數十年，運算技術、太陽能和資訊科技等新興產業的蓬勃發展，超乎想像。有鑑於科技變革的速度不斷加快，新產業和新職位的出現，可能會在更短時間內實現。

麻省理工學院經濟學家的研究顯示，2018年有63%的職位在1940年時尚未存在。如今許多孩子未來也許會從事目前尚未被發明的工作。回顧過去數世紀，農業逐漸讓位於工業，而工業又漸漸被繁榮發展的服務業與辦公室工作所取代。雖然後者在體力負擔上較為輕鬆，但精神壓力未必有所減輕。

麥肯錫全球研究院（MGI）研究了1980年至2015年間，運算技術對勞動力的影響，發現電腦導致了三百五十萬個工作機會流失，例如許多祕書、打字員、記帳員失去了工作。然而，電腦卻相對創造了一千九百萬個全新的就業機會。現今所謂的Z世代出生時，手機、相機、電腦和電視仍是四種彼此獨立的裝置；而在他們尚未步入青春期之前，這四種裝置已經整合為一臺手持的智慧型手機。

智慧型手機的問世，進一步促進社群媒體蓬勃發展。電腦與手機以十年前難以想像的方式相互連接。突然間，無數互連的電

腦在全球進行通訊，創造出雲端運算這個龐大的新興產業。若你曾關注過 1990 年代末網路新創熱潮中的革命性言論，或許會以為我們已經到達了技術奇點。殊不知，我們僅僅處於起步階段。當時甚至還難以想像社群媒體和雲端運算的模樣〔附記：2007 年推出了幾項關鍵技術：社群媒體、雲端運算和第一代 iPhone〕，但不久之後，這些技術卻創造出各種新穎且出乎預料的工作，例如：應用程式開發人員、資料視覺化人員、網紅、雲端運算工程師等。其中部分工作需要高度專業的技術知識，但像社群媒體經理這樣的職位，其實並不需要撰寫程式碼的能力。

任務自動化，而非工作自動化

對於機器人與工作的擔憂，其實不全是在探討工作的未來發展，因為我們並非在問「工作是否有未來」。數年來，我一直是麻省理工學院未來工作任務小組的成員，這是一支跨學門的研究團隊，專注於研究這些問題，並提出可能影響產業政策的見解與建議。其中一個重要觀點，也是團隊名稱所傳遞的理念，是與其關注「工作的未來」，我們應該更關心「未來的工作」，因為工作始終在演變，且將會持續如此。隨著機器人和 AI 快速發展，這種轉變甚至可能更加劇烈。

所以，未來的工作會是什麼樣子？機器人也許能填補勞動市場特定的空缺，並且增強人類的能力。由疫情引發的全球供應鏈中斷，提供了兩個相關案例。

截至 2022 年秋季，美國主要港口仍然面臨貨櫃卸貨延誤數日的問題，家具和其他消費品的交貨時間也被延後了數個月。當拜登政府試圖緩解運輸瓶頸問題時，官員發現，卡車司機、碼頭工人和倉儲人員短缺，導致工作無法順利完成。所謂的「大離職潮」不僅僅是厭倦單調工作的知識型工作者選擇退出勞動市場而已，許多人也離開了原本習慣的骯髒、危險且枯燥的工作，而他們並未打算重返這些職位。

　　即便如此，機器人專家並不會用人形機器人來填補人力不足的航運港口。從技術層面來看，用機器人取代人類尚不可行，這也並非機器人專家的目標。與其擔心機器人將全面自動化我們的工作，不如考慮如何在大型營運中，自動化某些具體任務，以提升效率和品質。例如，如果港口缺乏司機來搬運貨櫃，我們可以部署自動駕駛的自動牽引車（見第 144 頁）來補充人力。我們也可以針對「港口貨櫃搬運」此一未完成的任務進行自動化，以提升貨物吞吐量，讓港口的生產力更接近正常水準。

　　那卡車司機短缺的問題該如何解決？如果貨櫃需要沿著供應鏈網絡從一地運輸到另一地，我們可採用洛可莫遜（Locomation）新家新創公司首創的串聯運輸技術，來應對這項挑戰。不論這家公司最終是否成功，其核心理念無疑非常出色。根據洛可莫遜公司的設計，人類司機負責操控和駕駛領頭的卡車，而第二輛自駕卡車則在安全距離內跟隨，模仿領頭卡車的動作。這樣一來，每位司機的運輸能力翻倍，而自駕卡車也不會取代或搶走任何人的工作。

人與機器人不是競爭關係

新的機器智慧與機器人技術,正在重塑工作的面貌,這種變革可能帶來巨大的衝擊。根據世界經濟論壇的報告,2020 年至 2025 年,隨著演算法和智慧機器在職場的重要性日益增加,全球可能會有二十六個經濟體裡的八千五百萬個工作崗位被取代,但同時也會創造九千七百萬個新職位。

人類與機器人的分工,將取決於雙方各自的優勢與局限。機器人以速度見長,能處理龐大的數據,並從中發掘模式,具備高精度的移動能力,而且比人類更有力量。機器學習引擎還能從大數據中,產生人類難以自行發現的見解。機器智慧與機器人技術在運算、記憶和預測方面,表現超越人類。

然而,機器人無法像人類一樣進行推理、溝通或理解世界。它們缺乏廣博的經驗知識,無法根據適當的脈絡來解讀事物。這正是我們的優勢所在,並將繼續成為我們不可替代的核心能力。我們可以解讀智慧機器所產生的模式和預測,並為其賦予意義。

關於機器人將在職場取代人類的恐懼,主要根植於兩個錯誤的見解。首先,我們透過電影想像機器人擁有神奇的能力,加上媒體過度渲染,以及企業對機器人技術的未來發展過度樂觀、且雄心勃勃的做宣傳與預測。其次,我們將「人性」與「科技」視為對立而非互補的力量,誤把機器人視為競爭對手,而不是能提升人類生產力與能力的隊友或工具。

事實上,人類在諸多方面擁有明顯優勢,這些優勢將會持續

存在。與其考慮由人類或機器人獨自完成某項工作，不如思考如何結合人類與機器人，讓雙方攜手提升並擴展工作和生活的各個層面。未來應該由科技與人性共同塑造，彼此互補，相輔相成。

以艾倫研究所（Allen Institute）的科學家為例，他們正利用機器學習技術來辨識醫師無法觀察到的人眼徵象，幫助醫師分辨健康與病變的細胞。這些工具能協助科學家監控癌症進程中的細胞變化，或病人對不同治療方法的反應。智慧機器可以觀察現象和徵象，並從龐大的資料集裡，辨識出醫師與科學家無法自行發現的模式。然而，機器人不具備同理心，無法為病人提供治療選項的諮詢，也無法根據多重的複雜因素做出決策（這些因素未必能輕易轉化為機器人可判讀的數據）。同樣的，機器人也無法複製人類的推理、互動與溝通能力。

這些獨特的人類技能在未來職場上，將變得愈發重要。根據2018年世界經濟論壇《未來工作報告》指出，未來五年內，客戶服務、培訓與職涯規劃、人力資源與文化、以及組織發展等領域的職位，預計將快速增長，原因正是這些領域的工作需要人類獨有的技能。

此外，「科技與人性結合」的合作趨勢，已在多項研究中獲得反覆證實。例如，顧問公司埃森哲（Accenture）針對一千五百家企業進行研究，分析它們如何實施 AI 系統，結果顯示，最成功的組織是那些積極運用人機協作優勢的企業。這些公司的企業主，透過部署 AI 系統來增強員工的能力，進一步大幅提升工作效率。

第 15 章 未來工作

未來需要更多專業人才

未來改變的不是對人員的需求,而是我們從事的工作內容。例如,生產線上的感測器能即時捕捉溫度、壓力、速度、震動等各種變項的回饋數據。這些數據被輸入產品的虛擬模型或數位分身,讓製造商能監控機器的效能和狀態(藉以發現磨損、失常或故障的跡象),偵測產品或零件的異常或缺陷,並全面優化產品品質與製程。

不僅製程在改變,產品本身也有所變化。新的運算設計和製造技術興起,讓我們得以製造專門優化特定產品的全新分子和材料。例如,位於麻州劍橋的科博特(Kebotix)公司正利用機器學習和機器人技術,發明環保高效材料。

無論是在製造、材料科學還是其他領域,技術的進步將帶來大量新的就業機會。若企業希望充分發揮這些新工具與創新技術的潛力,人類的角色依然不可或缺。因此,現今的設備維護主管將需要掌握工程技能,技術人員則需要接受分析訓練,以便操作數位分身,並在機器人故障之前優化程序。此外,未來還需要更多的機器人工程師、電腦視覺科學家、深度學習專家和機器學習系統工程師等專業人才。

工廠自動化程度提升所帶來的效率和勞動力增加,也許有助於振興美國的製造業。根據麥肯錫全球研究院估計,2025 年以後,美國製造業每年的附加價值可能比目前的估計,還要增加高達五千三百億美元,並新增多達二百四十萬個就業機會。

然而，其中一大挑戰在於，人們很難從一種工作類型轉換到另一種。新職位所需的技能可能需要大量培訓。這並非科技首度引發勞動市場的重大重組，但有別於過去，數位科技正導致勞動市場的極化。隨著機器人和 AI 解決方案日益普及，我們或許需要重新思量整個勞動體系的結構，否則專家擔心可能出現中階工作空洞化的情況，留下少數高薪職位和大量不受歡迎或低薪的基層工作。

此外，科技進步雖然可能促進國家的發展，但也可能對其他國家造成負面影響，而 AI 的負面效應在開發中國家，或許更加顯著。正如經濟學家薩克斯（Jeffrey Sachs）所言：「已開發國家可能透過自動化，在國內生產過去從開發中國家進口的商品。結果導致已開發國家的收入持續增加，而開發中國家則陷入更深層的貧困。」

如何造福更多人民

即然如此，我們該如何確保機器智慧帶來的變革，能產生正面影響呢？這將取決於政府、企業和教育機構的決策。思及此，我們應當挑戰自己去思索下列兩個重要問題：

第一、我們如何以造福最多人的方式，採用和部署新技術？機器人和 AI 不僅能協助我們建造更高效的工廠或自動化標準業務流程，還蘊藏著許多未開發的潛力。這些技術應該幫助我們獲得更有價值的工作，並充分發揮人類的獨特優勢。我們需要探索

方法,讓人們能利用科技的益處來提升自我。

例如,AI全球夥伴聯盟(Global Partnerships in AI)是經由七大工業國組織(G7)深入討論後成立的國際組織,截至本書撰寫時,已有二十九個會員國。AI全球夥伴聯盟旗下,有一個工作小組專注於開發工具,協助缺乏AI資源的中小型企業,將AI技術導入工作流程。我們應該推動類似的政經策略,確保中小企業中的個人,也能從中受惠。

第二、邁向機器人驅動或增強的未來,勢必得歷經一段動盪的過渡,我們現在應該採取哪些行動,才能順利度過?這個提問唯有透過與大學教授、技術專家、企業領袖和政策制定者的合作才能解答。我們需要領導者來推動這個進程,也需要資金支持來實現目標。我們必須慎重考量企業、大學和政府之間的角色與合作方式。資方需要具備技能的員工來從事新職位;大學的使命則是教育和培養人才;而政府最終則負有保障人民福祉的責任。

我於1982年離開了那片充斥暴虐獨裁、糧食短缺、自由受限、迫害和恐懼的國土,來到美國。如今,我實現了許多人所謂的「美國夢」。我們必須想方設法,確保人人在機器人技術強化的職場環境中,都有機會實現自己的美國夢。我們必須不斷吸引全球頂尖人才,共同構築夢想,並打造一個支持創新與創業精神的社會,提倡唯才是用與終身學習的文化,讓所有人都能共享科技帶來的繁榮。由機器人和AI支援的技術,能為我們提供強大工具,建造更美好的世界。

根據麻州東北大學與蓋洛普公司合作的研究,美國人普遍樂

觀看待 AI 對生活的影響，但對於機器人將會對工作產生的影響卻深感憂慮。我們還需要諸多努力，幫助大家為未來的職場做好準備。我深信，最佳出路是找到方法，讓人類能善用機器人和 AI 的優勢，提升生產力。人機協作需要更智慧的機器，也需要懂得如何有效運用這些機器的人才。

我經常想起那位在倉庫輸送帶旁分揀貨物的男性，我不希望他失業，但他所從事的任務非常適合交由機器人完成。我希望他能像「綠巨人浩克」案例中的工人一樣，重新掌控自己的工作節奏，或者成為多臺機器人的主管，負責檢查和管理機器的運作，從事更高階的決策。如此，他便能運用自己與生俱來的天賦，而不是被迫像軟性機器人一樣工作。

然而，要實現這樣的轉變，勢必需要大量投資於教育領域。

第 16 章

運算教育

斐濟共和國由三百多個島嶼組成，是地球上最美麗的國度之一。為了開發水下機器人技術，我的團隊曾在斐濟進行過多項研究計畫。自 2005 年以來，我持續參與外島鏈學校的數位素養推廣計畫。每次的研究行程都包含了一場對外活動，我們帶去筆記型電腦和相機等捐贈的設備，並自願參與當地學校的教學活動。2017 年，我帶了一套蜜蜂機器人（Bee-Bot）。

這些可編程的機器人，大約孩子拳頭般大小，內建可充電的電池、輪子和非常直覺簡單的程式介面。使用者可依序按下蜜蜂機器人背部四個方向箭頭的按鈕，然後按下「開始」鍵，蜜蜂機器人就會按指示執行指定的步驟。小朋友可能會按兩次前進鈕，然後按左箭頭，再按一次前進鈕，接著按右箭頭。小機器人就會向前滾動、左轉、再前進一小段距離，最後右轉。這些奇妙的小玩具不僅教授了基礎的程式設計技巧，還讓孩子們有機會目睹自己的作品和想法化為現實中的行動。

我將蜜蜂機器人帶到斐濟時，孩子們立刻被深深吸引。他們為了替這些可愛的機器人設計程式，甚至願意犧牲下課或休息時間。這絕非偶然。我參與校園教學活動數十年了，孩子們對機器人向來興趣高昂。親眼看到一臺機器按照自己設計的指令行動，對他們來說是激勵人心的體驗。而蜜蜂機器人又格外有趣，因為學生必須學著從機器人的角度看待世界。

孩子們輸入的指令並不總是能直接轉化為預期的路徑，這是因為他們通常以自己的視角（從桌面上方的眼光）來理解機器人及周遭環境。然而，一旦開始轉換思維，嘗試從蜜蜂機器人的視

角來思考,並將自己想像成蜜蜂機器人,他們的程式設計成效便能夠大幅提升。

以運算思維克服難題

我們在斐濟的蜜蜂機器人教學活動,顯現出了更大的契機:教導人們瞭解電腦科學家和機器人學家如何透過程式設計,讓機器人完成任務,以及更廣泛學習解決複雜問題的方法,對個人和社會都極具深遠的價值與意義。現今的學校教育,教導學生像數學家、科學家、作家、社會科學家或歷史學家那樣思考,那麼,何不讓他們也熟悉設計與編程運算裝置的思維過程?畢竟,這些裝置在他們的日常生活中,早已日益普遍且不可或缺。

一方面,教導學生如何以運算思維進行思考,可賦予他們發揮創造力的機會,甚至可能促使他們開發出新的程式設計方法,讓機器人和智慧機器執行全新功能。然而,這種教學的意義不止於此,它還向學生展現了全新的思維方式。成年人同樣可以從中受益。

電腦科學家在學習如何為機器設計程式的過程中,發展出一些十分有效的方法,可解決看似無解的難題,這些方法也可廣泛應用於各學門及專業領域,甚至日常活動中。我們稱此種方法為運算思維(computational thinking)。

2006 年,電腦科學家周以真(Jeannette Wing)在《美國計算機學會期刊》發表一篇文章,詳細介紹了使用運算思維做為教學

工具的諸多潛在益處。儘管運算思維的概念逐漸受到重視，但發展相對緩慢。即便時至今日，多數讓青少年接觸電腦科學的教育計畫，重點仍然集中於編寫程式。不過，麻省理工學院媒體實驗室針對兒童而設計的「學趣」（Scratch）編程語言，以及麻省理工學院電腦科學暨人工智慧實驗室的阿伯爾森（Hal Abelson）開發的「應用開發者」（App Inventor）套件，都在運算思維教學方面取得了巨大成功。光是在 2019 年，就有兩千萬人建立了學趣專案。這些計畫和其他類似的努力，讓比以往更多的孩子，得以接觸程式設計。

這樣的成果無疑令人欣喜，但電腦科學的核心並不僅在於編寫程式，而是我們用來解決複雜問題的方法，例如，建造自駕車或設計能自動吸塵的機器人。如今的機器智慧能夠實現曾經看似不可能的目標，是因為那些全心投入並運用卓越推理能力的人，他們為這些專案傾注了大量心血。正如周以真在 2006 年的文章中所述：「電腦本身是乏味無趣的，但人類充滿智慧與創意，是我們讓電腦充滿樂趣與吸引力。」

換句話說，是人性賦予了科技力量。

四個核心步驟

教導孩子程式設計，可以激發創意，培養問題解決能力；但運算思維真正教會我們的是：如何思考和處理複雜且看似無解的任務。

第 16 章 運算教育

在機器人學中,我們將這類挑戰拆解為一系列小問題,然後不斷將小問題進一步細分,直到每個問題都可以被解決,也就是說,我們能精確指導機器人完成每項微小的任務。在此過程中,我們會尋找並辨識出抽象概念,進而將這些小型解決方案拼湊在一起,使得執行所有小型任務的過程,最終能導向成功解決原本的大問題。

目前已有好多種實踐運算思維的方式,但對我而言,構成運算思維的四個核心步驟是:

拆解(decomposition):將問題拆分為可解決的數個步驟或部分。

模組化(modularization):將系統劃分為個別的模組或元件,每個模組都具有特定的明確功能,而且通常可獨立運作,但也能相互配合,形成更大、更完整的系統來運作。

抽象化(abstraction):去除細節,歸納任務相關的屬性。

組合(composition):將兩個以上的小型問題解決方案,組合在一起。

上述正是我們以運算思維克服難題的方式。我們將大問題拆分為較簡單的小問題;我們尋找過往克服障礙的模式或相似之處(例如可重複使用的演算法);我們擷取或歸納解決方案,使其能再度應用。同時,我們始終致力於以最高效且簡潔的方式,完成任務。物理學家和數學家在推導公式時,總是力求優雅,例如史

上著名的愛因斯坦方程式 $E = mc^2$，正因其簡潔而公認為典範。在電腦科學領域，我們也秉持相同理念，儘管我們的最佳解決方案通常難以如此簡潔。抑或，我們只是還需要更努力培養內心的「愛因斯坦」。

運算思維是一種由上而下的問題解決方法，而且可應用於生活中的不同領域，甚至包括創作活動。譬如我自己，起初，想到要寫一本書，便令我感到望而生畏，尤其是一本試圖匯集我數十年來在機器人、AI和未來發展等方面的研究與思考的書籍，幾乎讓人覺得是不可能的任務。

然而，當我開始思索這本書的核心訊息，並將我的想法組織成幾個主要主題，再將這些主題細分為各個章節，列出每章需要（和不需要）涵蓋的內容，整理各章架構和組成要素，並尋找能夠連結這些看似零散的模式與主題時，這項寫作計畫突然變得可行起來。從那時起，我每次只專注於一小部分的創作，同時以抽象方式思考整體計畫的全貌，檢視自己正在處理的部分是否與大主題相關或與之呼應。

不論是寫書、創辦公司，甚至是裝修家裡的房間，我認為將運算思維的技巧應用於各個生活領域，都具有極為重要的價值。然而，我尤其希望能讓孩子們更早接觸這種思維方式。國際教育科技協會（ISTE）、谷歌等機構，已經推出多項計畫來推廣運算思維，但我希望我們能做得更多。而且我們確實應該如此，因為未來將有愈來愈多的職位，適合那些能將運算思維應用於其他領域的人，而且都是充滿吸引力的優質工作。

自從周以真首次倡導運算思維以來，我們已目睹她文章中預言的多項成果實現了。如今，許多科學領域發展出與運算相關的分支學門，例如，運算生物學、運算化學和運算物理學。這些領域的專家以電腦科學家的方式，處理各自領域中的棘手難題，並因此取得了諸多驚人成就。

例如，運算生物學家利用「阿爾法折疊」（AlphaFold）機器學習引擎，成功預測了決定人體許多生理作用的蛋白質立體結構，為研發新藥和深入瞭解生命運作原理，開闢了新機會。阿爾法折疊引擎出現之前，我們僅掌握了數萬種蛋白質結構；如今，我們的資料庫涵蓋了兩億種蛋白質結構。如此莫大的成功，多半得歸功於機器學習與 AI 的強大能力，然而，若當初沒有應用運算思維設計程式、並試圖解決蛋白質折疊問題的研究人員，這一切都不會成真。正因他們將心血傾注於這些科技，才有了今天的豐碩成果。

「運算製造」令人驚嘆

推動運算思維的附帶成果之一，便是運算製造（computational making）的興起。這個新興領域剛剛起步，但極具潛力，可望徹底改變小規模製造業的未來。

1995 年，我在達特茅斯學院成立第一間實驗室時，幾乎把初期資金全花在購買最早期的 3D 列印機上。當時 3D 列印機是相當特殊稀有的機器，此前的機器人學家只能仰賴電子元件供應

商與機器人供應商提供的現成零組件,或自行在機械工廠使用工具製作零件。一直以來,我們設計機器人時,只能從預製的零件組合中選擇;突然之間,我們擁有了新的自由,可以自行設計與製作專屬的小零件,而且無需任何加工認證。我們可以編寫程式,直接 3D 列印出客製化的零件,並利用這些零件建造各式各樣的機器人。這種能力賦予了我們前所未有的自由與創造力。

這臺 3D 列印機幫助確立了我的職涯發展方向,它讓我能立即在機器人外形設計上,展現創造力與個人風格。我們開始列印各種形狀與顏色的零件。當其他人的機器人依然是單調的灰色或黑色時,我們的機器人已經擁有了紅、黃、藍等鮮明的色彩。我們得以將設計、創意與美感,融入機器人當中,這在過去是無法想像的。

這臺新機器所帶來的自由,使我們能結合藝術與工程,讓我們不僅是工程師,更成為創作者。而所有這一切,竟是憑藉一臺現代年輕人看來,或許感覺相當原始的機器。

如今,3D 列印機在學校、甚至家中都很常見,列印成本降低了 99% 以上。這些機器可以將任何符合其參數的虛擬設計,列印成實體零件。我由衷希望,3D 列印機在使用上能更像藝術家的工具,提供孩子們發揮創意的機會與體驗,讓他們自由創造出自己想要的東西。

更先進的 3D 列印機,甚至能用金屬、塑料或有機材料進行列印。此外,電腦控制的車床、水刀切割機、雷射切割機等技術也愈來愈普及。運算製作技術無疑令人驚嘆!如果你瞭解這些工

具的運作方式,並以電腦科學家的方式思考,又能熟練運用機器人專家或製造者的工具,將能擁有無限的創作潛力。

如果我們能開發出自動化和簡化客製化機器人設計的程式工具,以及實現自動製造機器人的實體工具,也許未來世界裡,大家都能打造專屬的客製化機器人,甚至量身打造可協助完成特定任務的機器人。這將成為真正的創作「超能力」,讓我們能揮灑無限的想像力,設計各種新型機器人與智慧裝置,並將這些想法化為現實。

孩子們擁有無限的想像力,無疑會創造出許多令人驚喜且意想不到的事物。倘若我在年輕時就能接觸到這些工具,我相信自己也會製造出不少奇特的機器。當然,我們也必須建立控制、保護和管制機制與規範,以確保運算製造不被濫用,造成危害或傷害。在教育領域,我們同樣需要付出極大的努力。為了實現這個願景,我們必須教導下一代掌握運算思維與運算製造的能力。

在地運算製造中心

話雖如此,我們不必將所有樂趣都留給年輕人。目前製造業主要由位於全球各地固定地點的大型工廠組成,這些工廠生產特定且明確的產品組合。工廠內的機器主要設計用來量產預定的產品。零件通常在不同地點生產,然後在其他地點組裝,最終運送至經銷商、零售商,再到消費者手中。整個供應鏈背後的運作錯綜複雜。

然而，隨著運算製造新工具的出現，我們可以轉向更靈活輕便、且更貼近消費者的工廠模式。這類工廠可以提供範本產品與零件，直接於當地列印、加工和組裝；或讓消費者從零開始，自行打造專屬物品。每個人都可根據需求，在所在地製造所需的零組件；或是設計新機器人，並於數小時或數天後取貨，不用再苦等兩個月，產品才從世界另一端送達。

雖然並非所有產品都能以這種方式製造，但製作客製化的衣物、鞋子、玩具、家具、甚至基本的機器人，仍相對簡單，只要我們有方法評估所設計的機器能否正常運作。我設想未來將有全天候運作的製造中心或運算製造中心，能讓人們創造所需或想要的物品，並避免目前製造模式常見的浪費與碳足跡。這些設施將由具備專業技能與機器操作訓練的專家來管理營運，大眾可透過虛擬介面，從頭開始或借用現成的範本，來探索與產出自己的設計。

我們可先建立可用或可列印的零件資料庫，再搭配一套零件組合指南，並建立虛擬設計空間，讓大家探索潛在設計，並在模擬環境中評估可行性。設計完成之後，運算製造中心的專家可協助調整參數，確保產品能順利製造（並確保新設計的產品不是武器）。

製作出來的物品也許是必需品，像是家電損壞的零件；也可以是有趣的創作，例如，我們曾想像過某一家人，設計了簡單的玩具機器人，在家中無人時，用來娛樂他們的貓咪。畢竟網路上充滿了貓騎著掃地機器人的影片，既然如此，何不替你的寵物設

計一臺負責陪玩的四足機器人呢?

無論這種在地製造中心的願景能否成真,未來數年內,智慧機器對生活的影響,勢必日益增加。對材料、程式設計及製造工藝的瞭解愈深入,你做為消費者與設計者所擁有的自由、創造力與權力也就愈多。

終身學習不輟

所以,我們該如何培養這類知識、以及對運算思維與運算製造的認識與熟悉呢?身為教師與教育者,我始終認為數位素養應該納入所有公立學校的核心課綱。

然而,還有其他令人擔憂的不平等現象亟待解決。例如,富裕學區擁有嶄新的電腦和暑期程式設計營,而僅幾英里之外的學區,卻缺乏教授基本數位素養的資源。我們深知,創新源於多樣性,但我們卻未能充分投資,為所有學生創造平等的機會,通向優質高薪的未來工作。

這種情況必須改變。每所中學都應聘請電腦科學教師,以及設有新時代工具的先進機械工坊。當我們在思考未來世界所需的技能時,有必要重新定義二十一世紀的識讀能力,並將運算思維與運算製造納入其中。

除了投資於未來的勞動力之外,我們也必須認真思考如何對現有工作者進行技能的再培訓。這需要教育觀念的典範轉移,光是藉由取得標準學位來獲取專業知識與技能,已經不夠,我個人

更重視終身學習與推廣教育，讓自己的專業能力不斷精進。

如果我仍按照攻讀博士學位時的方式從事研究工作，恐怕早已失業。我想這一點同樣適用於整體勞動市場的其他人。在瞬息萬變的世界裡，中學或大學所習得的知識，並不足以支撐職涯的長遠發展。科技變革對世界的影響實在太過迅速且深遠，因此，所有人都必須擁抱終身學習與推廣教育。

但這不代表每隔十年就把人送回四年制的大學。美國有超過一千二百所社區大學，每年為約六百萬名學生提供可負擔的培訓課程。這些學校應與企業建立緊密聯繫，設計符合市場需求的技能課程。

我們也需要更多目標明確的微學位（micro-degree），可遠端取得、靈活安排時間，並獲得現有雇主或潛在雇主的認可與支持。企業也需要在內部推動這類計畫。以亞馬遜為例，其「技能提升2025」（Upskilling 2025）計畫是斥資七億美元的專案，目標在於為十萬名美國員工提供免費培訓。根據亞馬遜2022年的報告，一千四百名參與者完成了為期十二週的免費機電整合與機器人技術見習計畫，最終時薪成長了40%。這些員工不僅學到新技能，他們的收入與職涯發展空間也因此獲得提升。

其他公司、科技龍頭和機構，也開始積極行動。例如，谷歌已投入十億美元於員工再培訓計畫；科技企業家沃茲尼克（Steve Wozniak）也推出了自己的線上科技教育平臺。還有一些創新機構採取了令人鼓舞的措施，例如，位於肯塔基州的小型企業「位源科技」（Bit Source），為失業的煤礦工人提供培訓，幫助他們轉職

成為程式設計師和網頁開發人員。

各大學也提供了免費的大規模開放式線上課程（MOOCs），並免費提供線上教材。麻省理工學院和哈佛大學共同創立了線上學習平臺 EdX.org，提供來自全球各大學和機構的免費課程。我的澳州工程師友人科克（Peter Corke）則推出了「機器人學院」，這是專為所有對機器人技術感興趣的人，所設計的線上平臺，提供一系列相關講座，且同樣免費。如今，各類教材和學習資源真是愈來愈豐富了，且更易於取得。

重新教育和培訓大量勞動力，將需要前所未有的龐大投資。我相信這項投資是值得的，但我們無疑正邁入未知領域。我們對成年人學習方式的理解，仍然相對不成熟，尤其是與科技互動方面。我們必須以高標準檢視再培訓計畫的成果，深入瞭解哪些方法有效、哪些無效，並以此做為未來投資的參考依據。這些終身學習計畫應該採取何種形式、如何建構與資助，以及大學與企業應在其中扮演何種角色，這些仍是尚未解決但至關重要的問題。

提問、蒐集、分析、歸納

儘管我認為推廣運算思維和運算製造能力非常重要，但我並不主張犧牲其他領域來實現這個目標。人文學科、自然科學與工程學等其他學門，以及溝通、協作和批判性思考等學習領域，同樣至關重要。

對世界和其運作方式的理解愈廣泛，就愈能洞悉自己能如何

為世界做出貢獻。當你擁有更多元、跨領域的知識與經驗時，就能發現更多新的連結與可能性，進而激發更多創意與潛力。我堅信，我們必須推廣批判性思考，培養學生分析資訊的能力、理解背景脈絡，並將其建構為有意義的知識。他們需要學會辨識資訊來源是否受到特定動機或偏見的影響，並能將新資訊與既有的全球知識和共識整合。

此外，我們應教導學生如何提問、蒐集資料、分析結果並歸納結論。他們還得學會深入思考替代方案，並能以清晰有效的方式進行溝通。

如果我們不提問，最終就會陷入同溫層效應。

提升知識水準和技能

缺乏理解力與批判性思考，或許是當前社會如此分裂的根本原因之一，而這也正是我們回歸「人性與科技結合」這一核心理念的契機。若我們從小就教導孩子如何理解運算，以及如何透過電腦程式設計來解決問題和做出恰當的決策，他們進入高中學習或追求更高等的教育時，將具備更高的知識水準和技能。對這些孩子來說，這些智慧機器不再是神祕的魔法，而是由人類編程的工具。

擁有這種知識基礎和理解力的年輕人，將有許多發揮影響力的機會。我們可以賦予更多人數位素養，幫助每個人為新型態的資訊科技經濟做好準備。未來，將有更多人能夠設想並建造可增

第 16 章　運算教育

強人類能力的智慧機器。

　　一旦年輕人具備這樣的基礎知識，我們就能轉移高等教育的重心。大學生將不再受困於基礎知識，而是能專注於運算能力的偉大應用，也就是電腦科學巨擘霍普克羅夫特（見第126頁）多年前提及的挑戰，例如跨學門運算，或如何讓運算成為更強而有力的工具，而不僅僅停留在程式設計的層面。

　　隨著這些智慧機器和程式在愈來愈多領域發揮重要作用，我們需要更多人以更高遠、更開闊的視野，來思考它們的運作方式與局限，並探索改進方式，讓這些機器能為更多人帶來益處。

　　如今，當你在思考某件事時，可以把它寫下來，將想法記錄在紙上。試想這樣一個世界：每個熱愛《哈利波特》並夢想擁有超能力的男孩和女孩，都能創造屬於自己的魔法。

　　運算思維與運算製造的進展，加上更廣泛、更普及的教育，將可賦予所有人超能力。每個人都能運用自身的才能、創意和問題解決能力，設計和製造智慧機器，幫助他人改善生活、執行困難任務、帶我們去難以到達的地方、娛樂自己和促進溝通等等。

　　在運算思維與運算製造普及的未來，可能性無邊無際。然而我由衷希望，我們不僅僅將新技術應用於娛樂與經濟用途，而是將焦點放在更巨大的挑戰，致力於克服人類物種所面臨的最大問題。

我們與機器人的光明未來

第 17 章

前行的巨大挑戰

1820 年，法國國王路易十八成立了法國醫學研究院，此機構由一群專家組成，負責因應公共衛生相關問題。兩個世紀之後，法國醫學研究院擁有數百名成員，他們仍然每週聚會，探討健康相關的科學與醫學發展。

新冠疫情爆發前，研究院成員諾德林格（Bernard Nordlinger）醫師曾邀請我，向研究院成員介紹 AI 在醫學領域的潛在作用。自那時起，我多次與研究院成員進行遠端或實體會議。能與來自法國和歐洲的專家共同討論各種議題，例如：AI 的優勢與限制，保障病人隱私與實現數據安全共享的必要性，以及如何運用科技促進人類健康等。這一切都讓人感到著迷。儘管我對會議中提出的解決方案和途徑感到振奮，但某種程度上，最令我深受啟發的還是研究院本身——這個機構定期匯聚頂尖專家，共同探討人類健康等全面而重要的議題。

隨著機器人功能日益強大，它們的潛在應用範圍也應該加以擴大。機器人不會接管世界，也不會拯救世界。但我堅信，我們必須更深入思考如何利用機器人和 AI 來幫助人類因應部分重大挑戰。讓我們先從研究院會議的重點開始談起：人類健康。

維護人類健康

醫師透過與機器人和 AI 系統協作，可有效提升診斷、監控病程和治療疾病的能力。近期，我的麻省理工學院同僚芭茲萊（Regina Barzilay）的研究團隊，利用機器學習開發出了新型抗生素

「海利黴素」（Halicin），不僅展現了機器學習在藥物開發上的潛力，也讓我們有機會重新定義對藥物的設計與看法。

傳統上，我們開發抗生素和其他藥物，是為了幫助最多數患有特定疾病或病症的人。然而，男性與女性在身體結構、荷爾蒙等方面存在顯著差異，但我們卻常提供相同的藥物。這僅是提及性別層面的差異而已，更不用說每個人獨特的基因組與身體狀況了，使得遺傳特徵和健康需求也各不相同。展望未來，我們或許能利用機器學習技術，分析病人的基因組；配合病人所罹患的疾病，研製出最適合病人體質的客製藥物。我們將能根據個別病人的需求和特徵，量身打造出獨一無二的藥物或藥物組合。

藥物研發只是起點。我認為，我們完全有理由大幅減少侵入性手術的數量。切口本身並不是最大的問題，外科醫師能以高超且精確的技術，完成手術切口的開啟與縫合。然而，相較於無需切口的方式，切口仍會增加術後感染的風險。如先前討論，未來或許能利用可吞服的微型機器人完成部分手術。我設想這些微型手術機器人呈膠囊狀，能以微創或無創的方式進入人體，或許只需像吞服藥丸一樣簡單。

我們不會讓微型機器人獨立運作，而是與醫師協作，由外科醫師在機器人於人體內活動時，保持操控。這樣一來，醫師無需進行大型手術，就能檢視病人的患部。當然，部分情況下，大型手術可能難以避免，但有時醫師也許能從遠端解決問題，免除切口的必要。不妨將此視為無需線纜連接的機器人手術刀，由人類醫師於遠端指導操作。

我希望我們能利用機器人和 AI 技術，將目前僅限於富裕國家或富人的治療方式，變得全球普及，並開發出更具成本效益的替代方案。第 7 章〈精準執行〉中，我曾提到質子治療的例子，以及我們設計了機器座椅幫助病人與質子束對齊，進而無需目前昂貴的旋轉機座。我們與麻州總醫院的醫師合作，已經在實驗室成功展示了部分必要元件。

然而，透過機器人實現固定式質子射束治療，只是眾多合作計畫中，已萌芽的一個創新方案。我期待未來有更多研究人員和年輕才俊，能分析現今同樣昂貴或難以獲得的療法，開發更多創新方案，利用 AI 和機器人技術來降低成本，進一步擴大這些療法的可及性。

保障糧食安全

根據人口增長的趨勢，開發可擴展且易於取得的療法，在未來數十年將變得愈加重要。1950 年，全球人口估計約二十億人。根據聯合國指出，到了 2050 年，地球人口可能會增加至九十七億人。人口增長帶來了一連串潛在問題與挑戰。隨著氣候變遷改變了目前農業地帶的降雨和其他天氣模式，以永續且環保的方式生產足夠的糧食，並運送到需要的人手中，將是一項重大挑戰。

首先，讓我們從糧食配送談起。我們可以利用軟體，將當地生產商與鄰近的消費者連結，並自動協調安排配送時間。小型電

動機器貨機可以在低空飛行,運送新鮮農產品,同時避開商業航班。或許,我們可以採用飛索公司(見第 60 頁)的模式,透過降落傘投放包裝完好、且受妥善保護的食品包裹,實現更客製化的配送,並減少對遠地種植作物的依賴。

另一項機器人應用方案是確保糧食不被浪費。自動化庫存系統可以追蹤哪些食品過剩,哪些地區需要食物。在更先進的管理工具和當地配送方案的支持下,超市丟棄的農產品和過期食品將能在過期之前重新分配,得到更有效的利用。

我們還需要以永續的方式生產糧食。我在第 7 章曾討論過,AI 和機器人原理已經開始對農業技術產生影響。無人機可自動偵測雜草和外來入侵種,並在害蟲造成大規模損害前,提醒農民採取行動。精準施肥技術可以減少多餘的氮,隨逕流進入溪流、河流,最終流入海洋。機器人已用於溫室內移動盆栽,以優化其光照。機器人亦可用於提高農場的生產力。例如,小機器人公司(Small Robot Company)開發了一款名為「湯姆」(Tom)的輕量型自主機器人,可在田地裡行駛,精準掃描每一株植物和雜草,並將數據傳送至中央 AI 系統,由中央系統負責處理數十億個數據點,追蹤每一株植物的狀況,提醒農民需要注意的區域。小機器人公司的目標是推動下一階段的自動化,開發能精準除草和照料植物的機器人。

等到採收的時節到來,我們可以部署遠端操控的機器人,以彌補勞力短缺的問題,過去勞力短缺經常導致番茄、草莓等水果的採摘速度延緩。與其支付低薪請人完成如此繁重辛苦的工作,

不如開發專為此設計的機器人,讓人能專注於更富創造力的園藝工作,同時從更舒適的空間,遠端監督機器人的作業。

我在第 2 章〈超越感官極限〉討論過的勞動工作用土耳其機器人,最終也許會減少對人力的需求,而這些職位本就低薪資、低技能、且流動率高。我們讓人們將可轉向更高薪、高技能的職位,並消除不受歡迎的工作職務,還能創造新職位來取而代之。

此外,我們還能將糧食生產從大型農業中心,轉移至人群最密集的都市。雖然都市可能沒有足夠的空間容納傳統農場,但我們可以在移動式機器貨櫃中,部署垂直農場。這些微型機器農場可以沿著建築物外部運作,或設置於屋頂上,隨著一天的日照移動,充分接觸光照。沒錯,我設想的這些城市,似乎變得愈來愈奇特了。現在,我們來思考如何為這個先進世界提供能源。

充足能源與電力

討論發電方式之前,我必須強調,無論是個人、家庭、機構或企業,我們都應竭盡所能,減少能源消耗。在我所屬的機器人領域中,我們必須建造節能型機器人和相關技術,並開發讓機器人具備推理能力且低耗能的 AI 系統和機器學習模型。理想情況下,我們更應致力於讓智慧機器幫助解決能源問題。

太陽能是一種低成本的發電方式,但將陽光轉化為電力的光電板必須朝向正確方向,並避免被灰塵、汙垢或植物遮擋。我們可以將光電板設計成機器人,使其能自動追蹤日照,優化能源的

蒐集;也可以部署自主機器人在光電板表面爬行,確保光電板表面的清潔。

在大型的太陽能發電場,雜草和青草可能長太高,遮擋了陽光,影響光電板的效率。對此,新創公司「拓能機器人」(Swap Robotics)將一款用於都市人行道的自動鏟雪機,改造成專為優化太陽能發電廠的電動除草機。過去,這些太陽能設施仰賴的是燃氣割草機,現在則由綠色機器人維護綠能效率。同樣的,我們可以部署搭載高階感測器的無人機,用以檢查離岸或難以觸及的風機,及早偵測瑕疵,避免演變成重大問題。

機器人和 AI 也能在家庭的節能情境發揮作用。我家有一棟完全不仰賴公共電力的房子。我們設計了集水系統,安裝了太陽能板,將日照的陽光轉化為電力。我們還安裝電池來儲存電力,以便均勻分配用電,讓太陽能不限於白天才可使用。最後,我們設計了程式來決定哪些系統能在何時啟動。這需要一點妥協,例如,我們無法同時啟動洗碗機和洗衣機或乾衣機。但我們家完全自給自足,全由再生能源供電。

這種完全脫離公共電網的住宅,將可做為原型範本,推廣至全球。此外,我們也可以開發新方法,幫助更多家庭高效率利用電網的供電。我們可將房屋視為大型機器人系統,內部耗能的元件可自動開關;我們還能為每座建築建立數位分身模型。如此一來,我們便能預測在屋頂上加裝太陽能板的效果;或甚至是像我最愛的建築、位於瑞士阿爾卑斯山區的蒙特羅莎別墅(Monte Rosa Hut),將房屋外覆太陽能板包層,並評估這麼做的效應。屋內的

各種設備可按需求啟動，例如，冰箱可持續運作，但暖氣、空調系統、洗碗機和乾衣機，則可根據需求和蒐集太陽能的高峰時間來運轉。

或許，房屋本身也可以移動，以優化能源的吸收。安裝太陽能板時，供應商首先會檢查屋頂相對當地太陽於天空運行路徑的角度。畢竟並非每棟房子的屋頂都面向最佳角度，因此並非每棟房子都適合使用太陽能。

不過，我們可以將任何事物都變成機器人，包括太陽能板，甚至房屋本身。我們可以考慮建造移動式的屋頂型太陽能板機器人，讓它們自行調整位置，以確保盡可能吸收陽光。或者，若是位於林中的房屋，太陽能板機器人也可自由移動，尋找空曠處或陽光充足的地點，以捕捉太陽輻射，然後儲存能量或將電能回傳至家中。美國航太總署探測車目前在數千萬英里外的火星上，便是應用這種方式。要將此技術應用於我們的家園，只需解決經濟成本和部分簡單的工程問題即可。

假設我們提高了能源使用效率，並優化了再生能源的發電能力，我們仍需要更高效的儲能方式，以確保需要時有電可用，而不僅限於太陽能板接受日照的時間。電動車的興起大大加速了電池技術的研發，科學家和企業爭相開發更先進的電池技術，以實現更長時間儲存更多能量的目標。經濟競爭、消費需求、新材料研發、以及電池的創新設計，可望大舉推動電池技術的進步。終有一天，我們可能擁有續航里程高達一千英里的電動車，甚或電動飛機。

只要我們能聚焦於發電、儲能和能耗等重大議題，並且利用機器人和 AI 技術來尋找創新解決方案，必能實現這些壯舉。

永續發展 —— 因應氣候變遷

機器人無法奇蹟般的阻止氣候變遷，但它們可以是部分解決方案。人類造成的氣候變遷影響，形形色色，而緩解這些影響的建議措施也同樣各式各樣。改變我們的消費模式並減少碳足跡，絕對是刻不容緩，但我們也應探索可減緩、阻止、甚至逆轉氣候變遷的方法，同時將潛在的負面效應降至最低，甚至完全消除。

這種方法稱為地球工程（geoengineering），但深具爭議，部分由於大家合理擔憂大規模的修復措施，可能會鼓勵人們重拾原本高碳排的生活習慣。另一風險是，如果計畫出錯或產生意料之外的後果，所謂的解決方案可能適得其反。然而，依我之見，毫無作為的風險實在太大。

讓我們看看地球暖化的問題。太陽這顆巨大且健康的恆星，不斷以太陽輻射的形式，向地球輸送能量。部分陽光的能量抵達地表後，會以熱能的形式釋放。過去人類歷史中，這些熱能多半能順利散逸到太空；但如今，由於大氣中二氧化碳濃度過高，太多熱能滯留於地表附近。地球確實必須保留一定的熱能，否則若所有熱能都流失到太空，地球將成為寒冷荒涼的冰凍世界。但若大氣層留住了過多熱能，溫度便會升高，導致氣候暖化，海平面上升，對於現今多數人來說，地球將變得不再宜居。既然如此，

為何不減少照射到地球的日光量呢？

有此想法並不罕見，許多學者提出了各種技術，期望能阻隔或減少日照，包括派出太空艦隊部署遮光屏。從數學角度來看，這個概念確實深具吸引力：如果我們將射向地球的太陽輻射量，偏轉 1.8%，就可以完全扭轉當前的全球暖化。遺憾的是，目前所有解決方案不是過於複雜，就是過於恆久──若我們要在地球上方布置一把科技遮陽傘，就必須確保能輕鬆收回。這正是地球工程的主要風險之一：一旦啟動，可能無法停止。

因此，任何可行的地球工程方案，都必須維持可控，甚至可逆。我們必須能隨時按下暫停鍵，或在任務完成後撤除。在麻省理工學院，我的同事瑞提（見第 97 頁）主持了一支團隊，我也是其中一員。我們提出了一個構想：建造由名為「太空泡泡」（Space Bubble）的薄膜球狀物組成的遮陽罩。這些太空泡泡可由環繞地球運行的太空船直接在太空中製造，並受地球引力約束。如果我們將數萬個太空泡泡連接起來，便可形成面積相當於巴西的地球遮陽傘，阻擋部分射入的陽光。更重要的是，我們可以部署簡單的機器人來控制泡泡的位置，例如先從北極反射熱能；或在達到預期效果後，戳破這些泡泡，結束計畫。

我們也可以思考如何從空氣中去除二氧化碳，減少溫室氣體效應。這種技術又稱為碳吸存（carbon sequestration），目前全球諸多研究團隊、公司和新創企業都在積極研發。相較於以太空泡泡為主的科技遮陽傘方案，碳吸存的概念更加自然，且為人熟知。

碳吸存技術其實是模仿樹木等光合生物的功能，樹木能夠很

自然的從空氣中吸收二氧化碳,並將碳固定儲存在樹幹和周圍土壤中,然後釋放氧氣。

我的實驗室坐落於波士頓數一數二奇特新穎的建築當中,也就是由知名建築師蓋瑞設計的麻省理工學院史塔特科技中心。也許是因為這棟建築曲折的金屬外殼,也許是內部進行的創新研究(例如,同事夫里曼利用機器學習,放大建築細微晃動的影片;我曾設計機器人版的雪梨歌劇院),也許是因為我曾在綠意盎然的新加坡度過一段時光(當地許多大樓外圍都被鬱鬱蔥蔥的綠色植物包圍),又或許是這些經歷綜合影響了我,讓我無法再以相同的眼光看待建築。我常思考如何讓建築像樹木一樣具備固碳和光合作用的能力。有時,我漫步城市中,會想像一群小型太陽能機器人,在屋頂、外牆、橋梁和高速公路天橋上移動,進行人工光合作用,從空氣中吸收二氧化碳,將碳封存在建築的基礎結構中,以增強其強度,並將氧氣做為副產品釋放出來。

無論是太空泡泡,還是光合作用機器人,或許都不是解決氣候危機的終極答案。但我們不該抗拒討論和開發這類機器人技術的創新應用,以因應氣候危機。不僅如此,我們還應該針對地球健康的其他方面採取行動,尤其是水資源。

潔淨水資源

近年來,曾經盛極一時的水產養殖業重新復甦,不僅因為人類對牡蠣等貝類有食用需求,也因為雙殼貝類在海洋淨化方面,

表現出色。貝類吸入海水，過濾後再排出，並提取其中的碳、氮和其他營養物質，來建造自身的外殼和身體。這對於地球的健康非常有益，因為我們的水域已長期含有過量的這些物質。

長年來，農業活動將過多的氮排入水域，降入海洋的雨水也含有過多二氧化碳，改變了海水的酸鹼度，影響了各類海洋生物的生存環境。如此說來，為何我們需要機器人呢？我們大可養殖更多牡蠣──事實上，我們確實應該如此，但同時也該研究雙殼貝類過濾海水的生物機制，並優化此過程，讓機器牡蠣更大規模的擴展過濾效果。打個比方來說，信鴿確實有用，但飛索公司的無人機更勝一籌。機器牡蠣將是自然界海洋過濾器的機械版，能更高效的達成從海水中提取碳和氮的功能。

另一個對海洋和淡水健康構成重大威脅的，是大量存在的塑膠和塑膠微粒。這些微小的塑膠碎片，通常是在洗衣機清洗衣物時，被沖刷出來，隨著排水進入水道，最終流入海洋。每年約有四百八十萬噸至一千二百七十萬噸塑膠廢棄物流入海洋。目前，海洋中已存在五兆多個大大小小的塑膠廢棄物，每平方英里的水域中，多達四萬六千塊塑膠碎片。

這是一場不容忽視的災難。我們不僅有責任減少、甚至終止未來的塑膠汙染，更需要立即清理當前的混亂局面。我們可以設計能夠過濾塑膠微粒的機器牡蠣，或者專門針對此用途開發機器人。這些機器貝類可以部署於主要水道或河口三角洲底部，在淡水流入海洋之前，進行清潔。當然，機器牡蠣不會像天然牡蠣那樣美味，而海水的腐蝕性必然會給機器的設計和維護帶來巨大挑

戰。然而,人類是充滿智慧與創造力的物種,只要我們將「人性與科技」結合,就可能開發出機器化的雙殼貝類,至少能夠部分修復我們對海洋造成的傷害。

為地球與生物服務

我們必須持續利用機器人和 AI 做為科學發現的工具,進一步拓展人類的知識疆界。機器人和 AI 能幫助我們看見過去無法看見的、必須看見的,或渴望看見的事物。

長久以來,顯微鏡賦予了科學家觀察微小事物的能力,而史丹佛大學的哈提卜（見第 46 頁）和學生設計的人形機器人「海洋一號」,則專為探索人類無法輕易抵達的深海環境而打造,讓研究人員得以研究紅海深處的珊瑚礁、地中海的沉船遺址,並監測各地海洋系統的健康狀況。海洋一號配備靈活的雙手和人形面孔,可做為遠程操作人員的「化身」。在哈提卜的帶領下,這款機器人成功執行了多次任務,從海底重新找到珍貴文物,讓考古學家能深入瞭解數百年前發生的歷史事件。

我們還能往何處進一步尋找探索？自伽利略時代以來,人類便一直利用日益先進的望遠鏡,觀測遙遠的宇宙。展望未來,希望我們能持續運用機器人和 AI 技術,深化對自然界和人類自身的理解。我們在建造模仿蛇、線蟲、海龜或獵豹的機器人時,不僅拓展了對機器人技術的認識,還從這些生物模型中,學習大量相關知識,加深對其他生物的敬畏與欣賞。

我每每研究自然界生物以尋求靈感時,總會想起鯨生物學家佩恩的工作。他如此熱忱投身保護他所鍾愛的海洋物種,部分原因是生物多樣性對地球至關重要,唯有如此,人類才能享有健康安全的未來。身為機器人學家,我希望我們的工作也能促進這個目標。無論是微小如蜜蜂和蟑螂的生物,還是宏偉如鯨與紅杉的生物,我們都應當持續聚焦於大自然這些非凡「機器」的能力,從中汲取靈感。

　　我們對於體現了智慧或會移動的高階物種的研究,主要是為了建造更靈活的智慧機器。然而,這些研究也讓我們更深入理解人類智慧,以及人類大腦如何與強大無比的身體協調運作。

　　麻省理工學院的特寧堡(見第137頁)正在研究幼兒和學齡前兒童的大腦運作,試圖開發具有類似能力的機器人。與此同時,由多所機構組成、以麻省理工為基地的「腦、心智與機器研究中心」,正在探索智能的科學與工程,研究大腦的運作原理,以及如何將這些見解應用於設計和建造更強大的機器人。這些研究不僅有助於科學發現,也為科學的大哉問之一,提供了有趣的新視角:人類智慧的本質是什麼?

　　我們是唯一如此精密、且能創造出AI與機器人這類工具的物種,但同時也應該意識到,能力愈大,責任愈大。在這顆非比尋常且充滿活力的地球上、這孕育生命的搖籃裡,我們得以不斷演化。然而,我們的責任不僅限於人類,還包括地球上的其他生命。因此,我們必須開發更多方法,讓AI和機器人能為地球服務。這是我們對自己、對其他物種,以及對地球本身的責任。

第 17 章　前行的巨大挑戰

🤖 探索無垠太空

但是，我們也不能忽略宇宙繁星的召喚！

伽利略用他的望遠鏡發現了木星的衛星，其中包括迷人的木衛二（Europa），這顆星球的冰殼下，隱藏著深邃的海洋。科學家目前正在設計能登陸並探索這顆遙遠星球的機器人，以尋找外星生命的蹤跡。機器人不僅將成為太空探險的關鍵工具，其智慧化的快速發展，以及各種尺寸、形狀、材料和功能上的不斷創新，還將開啟全新、且以往難以想像的機會。

我們可以將建材送往月球或火星，然後部署自主機器人負責建造人類的前哨站，為太空人提供安全的居住結構。而且，我們的想像範圍不應局限於太陽系的行星、衛星和小行星。我們應該將目光放得更遠，設計由機器人主導的任務，超越太陽系去探索鄰近的星系，並建造搭載了 AI 的星際探測器，去解開宇宙中最偉大的一些科學奧祕。我們夢想的太空探測機器人，應該像宇宙本身一樣無邊無際。

🤖 擁抱真相與民主

2022 年，我在一次歐洲旅行中，與九十二歲的叔叔進行了一場發人深省的對話。叔叔是哲學家暨退休大學教授。晚餐期間，我們談到各種政治與國際事件，並反思不同立場對這些事件截然不同的解讀，進而展開了一場關於「真理本質」的討論。

叔叔解釋說，哲學中存在幾種不同的真理觀，其中一種令我深感共鳴，即「真理符應論」（correspondence truth），柏拉圖和亞里斯多德將其定義為「某句陳述的真假，取決於它是否與現實世界相符」；換言之，符應論也是科學與事實的真理。

這與機器人和 AI 有何關係呢？我認為，當前的我們急需推廣符應論的真理，即真實世界的本來面貌。我們可以利用機器人和 AI，限制當權者對公民或群眾資訊獲取的控制能力。先前，我曾提及一種可能性：使用無人機編隊飛行，在公共場所顯示即時影像或數位投影，讓民眾能接觸到未經國家控制或改寫的新聞資訊。

此外，獨立且國際化的連網來源，也有機會成為強而有力的資訊來源，例如，字母控股公司贊助的氣球計畫（Project Loon）就是利用高空氣球，向偏遠地區傳輸網路訊號的專案。我希望這類構想能夠重新啟動，並且落實。

最後是人們普遍擔憂的深偽技術（deepfake），這是一種利用 AI 產生超逼真、但虛假音訊或影片的技術，如那段知名的假冒美國前眾議院議長裴洛西的影片。我們可以運用數位技術來偵測深偽內容，並提供解決方案，以保護基於事實的真相。例如，研究人員提議使用數位浮水印技術，來驗證影片或音訊檔案的真實性，並揭露深偽技術的造假行為。我們也可以運用經過數百萬張圖片訓練的 AI 解決方案和機器學習模型，檢測影像相較於原始樣本或合法樣本，是否存在擾動或修改。我的朋友、加州大學柏克萊分校的數位鑑識專家法里德（Hany Farid），正從事這領域的

重要研究。根據法里德的研究顯示,AI 雖然可用來竄改影像或影片,甚至從頭生成逼真的模擬內容,但我們也可運用 AI 技術來證明內容是否為偽造。

實體資訊搜尋

當然,唯有對符應論真理感興趣的人,才會重視這些想法;而那些固守同溫層的人,往往選擇裹足不前。他們不願聽到相反的事實或觀點,我也不確定這些人能否被說服。但是,我們可以利用機器人技術,幫助更多人追尋真相,自行探索資訊。

多年前,庫馬爾(見第 41 頁)、辛格(Sanjiv Singh)和我曾共同提出一個略顯激進的想法——實體資訊搜尋(googling for physical information)。通常,當你用谷歌搜尋某些內容時,會輸入關鍵字或問題,然後獲得一連串經過排序的搜尋頁面,上面載滿資訊,彷彿一場數據尋寶遊戲。那如果你能從遠端操控機器人,在實體世界搜尋資訊呢?

基本上,我們已經有了此構想的靜態版本,網路攝影機便是一例。透過瀏覽器,你能查看世上某處的即時影像;如果這些攝影機配備旋翼,讓你能操控它們飛行,便能更仔細檢視周圍環境的細節。滑雪者可在清晨操控無人機飛越雪道,近距離觀察新降的積雪情況;製造廠經理可以遠端檢查設施,辨識潛在的問題區域;或者,回到全球資訊誤導的例子,生活在資訊受國家控制的公民,可透過搜尋實體世界,自行發掘國境外發生的真實情況。

智慧機器不會解決我們所有的問題。然而我堅信,當我們做

為一個群體、一個社會、甚或一個物種，共同面對重大問題或挑戰時，機器人和 AI 應是潛在解決方案的一部分。我的思維正是基於這樣的期許，無論是如凌亂的客廳這般平凡的瑣事，還是如真理本質這般宏大的議題，我總是不由自主的想像，機器人技術如何為幾乎所有的問題，提供解決之道。

我希望我的讀者，以及當今與未來的領導者，能從這種思維獲得啟發，激發更多的創新和可能性。

結語

機器人之夢

這是一本關於夢想的書。孩提時，我夢想著有機器人幫我飛越那些高個子朋友。如今，我的目光已放眼更恢宏的挑戰。有些我提出的解決方案可能過於前衛，短期內難以實現。譬如，我們的世界未必會充滿飄浮於平流層、擴展網路連結的機器人，也未必會有游弋於海洋、蒐集塑膠微粒的機器人。但有些概念或許會從我的實驗室走向現實；有些或許就只是停留在我腦海的科技幻夢。儘管如此，我依然做著機器人之夢。

　　AI和機器人能否支援認知與勞力工作，幫助改善人們的生活？對於這點，我深信不疑。但這是否會帶來潛在風險，使許多人失去工作、或面臨生活方式的劇變？這也無庸置疑。機器人是否會產生我們無法預見的影響，甚至改變人類大腦和智慧的本質？這幾乎也可以肯定。

　　試圖瞭解如何建構智慧機器和其對社會的影響，讓我們意識到世上還有許多未解之謎有待探索。然而，我所確知的是，人類物種也正面臨著前所未有的巨大機會。人類擁有超凡的能力與獨特的智慧，人性本質無比偉大，而我對機器人和AI的研究，也讓我更敬重人類族群。

　　同時，我們目前透過機器人和智慧機器所達成的成就，確實令人嘆為觀止。我數十年來對機器人和AI的探究，教會了我：我們對科技和自身的認識仍有許多未竟之處，這些問題不能拖延，必須儘早解答，否則這些強大科技在缺乏指引的情況下自行開展，可能會帶來難以預料的影響和後果。畢竟，我們對這顆星球和所有生活其中的生命負有責任——不論是未來世代，還是與

結語　機器人之夢

我們共享地球的所有動植物都是。人類何其有幸,成為唯一如此先進、具有意識且能力卓絕的物種,能打造出非凡的科技工具;但這也意味著,我們有責任善加利用這些工具,以確保科技能服務於人性。

我無疑是個樂觀主義者,畢竟我們的世界已充斥著一些近乎魔法般的科技——機器人能在火星飛行、穿梭城市街道、探索深海,甚至執行外科手術;機器人已能協助工廠包裝貨物、分類回收、烘焙餅乾、梳理頭髮;機器人更能增強我們的力量,擴大我們的觸及範圍,強化我們的感知,甚至提升我們形塑周遭世界的能力。這些看似魔法般的成果,其實都是人類設計的數學模型、演算法、精巧電機設計與新材料的結晶。

建造更美好的世界

現今的科技已令人嘆為觀止,而未來科技也將與人類攜手達到更多成就,讓科技始終服務於人性,幫助我們實現漫畫和科幻故事中都未曾想像過的成果。

然而,我們也必須對新科技審慎以對,並加以控制。好萊塢所有關於機器人反叛人類的情節雖是虛構,但也有警示作用,提醒我們由機器人技術強化的未來,絕不會全然按照我們的想像發展。因此,我們必須努力去設想、預測,並提前開發方法,預防不良的後果。

但是我仍然堅信,只要我們齊心協力,做為一個社會、一個

物種，共同努力塑造和引導由機器人技術強化的未來，我們一定能善用這股力量，為全人類打造更美好的未來。

或許我是個夢想家，或一心只想著演算法的理想主義者。這樣的說法也許有幾分真實，但如果我們不去想像和規劃運用機器人技術來建造更美好的世界，那發展這些科技的意義又何在呢？

誌謝

感謝我的編輯 John Glusman、Helen Thomaides 和 W. W. Norton 出版社出色的團隊。

感謝 David Mindell、Suzanne Berger、Sir Michael Brady、Ken Salisbury、Liz Reynolds、Marsette Vona、Donald Bae 和 Jennifer Carlson，他們為手稿提供了敏銳且周全的回饋和寶貴意見。

特別感謝 Jennifer Joel 與 CAA 團隊推動和支持這項專案，並對這本書抱持信心與信任。

衷心感謝我的研究生、博士後研究員和合作夥伴，他們一路與我攜手同行，將許多構想與專案付諸實現。致我這些年的學生們：Alexander Amini (2022)、Brandon Araki (2021)、Elizabeth Basha (2010)、Jonathan Bredin (2001)、Cenk Baykal (2021)、VeeVee Cai（在學中）、Lilly Chin (2023)、Joseph DelPreto (2021)、Ajay Deshpande (2008)、Carrick Detweiler (2011)、Marek Doniek (2012)、Robert Fitch (2004)、Stephanie Gil (2014)、Kyle Gilpin (2012)、Brian Julian (2013)、Robert Katzschmann (2018)、Ara Knaian (2010)、Keith Kotay (2004)、Qun Li (2004)、Lucas Liebenwein (2021)、Sejoon Lim (2012)、Noel Loo（在學中）、Andrew Marchese

(2014)、Craig McGray (2005)、Will Norton（在學中）、Teddy Ort (2022)、Ekaterina Pelekov (2001)、John Romanishin（在學中）、Mac Schwager (2009)、Tim Seyde（在學中）、Andrew Spielberg (2021)、Pascal Spino（在學中）、Cynthia Sung (2016)、Polina Varshayskaya (2007)、Iuliu Vasilescu (2009)、Mikhail Volkov (2016)、Marsette Vona (2010)、Seung-Kook Yun (2011)、Wilko Schwarting (2021)、Johnson Wang（在學中）、Peter Werner（在學中）、Annan Zhang（在學中）；以及博士後研究員：Nora Ayanian、Stephane Bonardi、James Burn、Steven Ceron、Changhyun Choi、Nikolaus Correll、Cosimo Della Santina、XinXin Du、Mehmet Dogar、Dan Feldman、Igor Gilitschenski、Ramin Hasani、Josie Hughes、Byungchul Kim、Ross Knepper、Harry Lang、Mathias Lechner、Shuguang Li、Xiao Li、Jeffrey Lipton、Alaa Maalouf、Rob MacCurdy、Ankur Metha、Shuhei Miyashita、Javier Alonso Mora、Cagdas Onal、Sedat Ozer、Liam Paull、Zach Patterson、Alyssa Pierson、Guy Rosman、Mac Schwager、Hayim Shaul、Steven Smith、Mike Tolley、Eduardo Torres-Jara、Ryan Truby、Cristian-Ioan Vasile、Nick Wang、Wei Wang、Wei Xiao、JingJin Yu。感謝你們與我一同踏上這趟探索之旅。

　　特別感謝 Isabella、Jacqueline 和 Jay 閱讀本書的早期版本，並提供建議。另外，感謝我的家人和朋友，謝謝你們的愛與支持，在人生起伏之餘，始終伴我度過，一同分享我的勝利與挑戰，陪伴我踏上這些非凡歷程。 ——丹妮拉・羅斯

參考資料

引言　機器人賦予我們超能力

研究人員進行了一項實驗：Bonnie Prescott, "Better together," *Harvard Medical School News and Research*, June 22, 2016.

第 1 章　心有餘，力也足

八分鐘內可從建物一端走到最遠的另一端：Claudette Roulo, "10 things you probably didn't know about the Pentagon," *DOD News*, January 13, 2019.

幫助脊髓損傷或其他疾病的病人，重新學習行走：Sam Chesebrough, Babak Hejrati, and John Hollerbach, "The Treadport: Natural gait on a treadmill," *Human Factors* 61, no. 5 (2019): 736-48.

加速中風病人的功能恢復：Carol A. Wamsley, Roshan Rai, and Michelle J. Johnson, "High-force haptic rehabilitation robot and motor outcomes in chronic stroke," *International Journal of Clinical Case Studies* 3 (2017): 121.

哈佛大學的沃許目前在研發新一代軟性穿戴式機器人：Louis N. Awad, Pawel Kudzia, Dheepak Arumukhom Revi, Terry D. Ellis, and Conor J. Walsh, "Walking faster and farther with a soft robotic exosuit: Implications for post-stroke gait assistance and rehabilitation," *IEEE Open Journal of Engineering in Medicine and Biology* 1 (2020): 108-15.

霍特團隊開發了一款擁有驚人活動範圍的機器手臂：Yves Zimmermann, Alessandro Forino, Robert Riener, and Marco Hutter, "ANYexo: A versatile and dynamic upper-limb rehabilitation robot," *IEEE Robotics and Automation Letters* 4, no. 4 (2019): 3649-56.

哈佛大學的伍德開發了一種輕薄柔韌的應變感測器：Oluwaseun A. Araromi, Moritz A. Graule, Kristen L. Dorsey, Sam Castellanos, Jonathan R. Foster, Wen-Hao Hsu, Arthur E. Passy, et al., "Ultra-sensitive and resilient compliant strain gauges for soft machines," *Nature* 587, no. 7833 (2020): 219-24.

日本的摺紙藝術涉及豐富的數學原理，也廣泛應用於機器人技術領域：Daniela Rus and Michael T. Tolley, "Design, fabrication and control of origami robots," *Nature Reviews Materials* 3, no. 6 (2018): 101-12.

受摺紙藝術啟發的流體人工肌肉：Shuguang Li, Daniel M. Vogt, Daniela Rus, and Robert J. Wood, "Fluid-driven origami-inspired artificial muscles," *Proceedings of the National Academy of Sciences* 114, no. 50 (2017): 13132-37.

維爾夫公司為倉庫工人部署了軟性穿戴式外骨骼機器人：Scott Kirsner, "Lightening the load for warehouse workers," *Boston Globe*, June 19, 2022.

我曾親身研究過軟性外骨骼機器人對工廠作業的潛在影響：Thomas Malone, Daniela Rus, and Robert Laubacher, "Artificial intelligence and the future of work," report prepared by the MIT Task Force on the Work of the Future, Research Brief 17 (2020): 1-39.

第 2 章　超越感官極限

「獵鷹」無人機：Daniel Gurdan, Jan Stumpf, Michael Achtelik, Klaus-Michael Doth, Gerd Hirzinger, and Daniela Rus, "Energy-efficient autonomous four-rotor flying robot controlled at 1 kHz," *Proceedings of the 2007 IEEE International Conference on Robotics and Automation*, 2007, 361-66.

致力於提升無人機的功能，使無人機更為敏捷：Daniel Mellinger, Nathan Michael, and Vijay Kumar, "Trajectory generation and control for precise aggressive maneuvers with quadrotors," *International Journal of Robotics Research* 31, no. 5 (2012): 664-74.

「創新號」無人機完成了火星上首次自主飛行：Theodore Tzanetos et al., "Ingenuity Mars helicopter: From technology demonstration to extraterrestrial scout," *2022 IEEE Aerospace Conference (AERO)*, 2022, 1-19.

遠端感知氣味或味道的化學成分：Dario Di Nucci, Fabio Palomba, Damian A. Tamburri, Alexander Serebrenik, and Andrea De Lucia, "Detecting code smells using machine learning techniques: Are we there yet?," *2018 IEEE 25th International Conference on*

Software Analysis, Evolution and Reengineering (SANER), 2018, pp. 612-21.

亞馬遜推出了自己的「土耳其機器人」：Venky Harinarayan, Anand Rajaraman, and Anand Ranganathan, Hybrid machine/human computing arrangement, US Patent US7197459B1, 2001.

人形潛水機器人「海洋一號」：Oussama Khatib et al., "Ocean One: A robotic avatar for oceanic discovery," *IEEE Robotics & Automation Magazine* 23, no. 4 (2016): 20-29.

沃納協助美國航太總署開發了大部分軟體：Jeffrey S. Norris, Mark W. Powell, Marsette A. Vona, Paul G. Backes, and Justin V. Wick, "Mars Exploration Rover Operations with the Science Activity Planner," *Proceedings of the 2005 IEEE International Conference on Robotics and Automation*, 4618-23.

德納堡開發了能滲透並影響蟑螂群落的自主機器人：Jose Halloy et al., "Social integration of robots into groups of cockroaches to control self-organized choices," *Science* 318 (2007): 1155-58.

一個游泳像真魚的機器人：Iuliu Vasilescu, Paulina Varshavskaya, Keith Kotay, and Daniela Rus, "Autonomous modular optical underwater robot (AMOUR) design, prototype and feasibility study," *Proceedings of the 2005 IEEE International Conference on Robotics and Automation*, 1603-09.

機器魚「蘇菲」：Robert K. Katzschmann, Joseph DelPreto, Robert MacCurdy, and Daniela Rus, "Exploration of underwater life with an acoustically controlled soft robotic fish," *Science Robotics* 3, no. 16 (2018).

記錄並解碼抹香鯨的語言：Jacob Andreas, Gašper Beguš, Michael M. Bronstein, et al., "Toward understanding the communication in sperm whales," *iScience* 25, no. 6 (2022).

第 3 章　一寸光陰一寸金

塞內卡有一封寫給保利努斯的信：Lucius Annaeus Seneca, *On the Shortness of Life*, trans. C. D. N. Costa (New York: Penguin, 2005), 1.

「我的日記」計畫旨在產生用戶日常活動的數位紀錄：Dan Feldman, Cynthia Sung, Andrew Sugaya, and Daniela Rus, "iDiary: From GPS signals to a text-searchable diary," *ACM Transactions on Sensor Networks* 11, no. 4 (2015): 1-41.

讓自駕車達到如此高度的自主，這並非不可能：Wilko Schwarting, Javier Alonso-Mora, and Daniela Rus, "Planning and decision-making for autonomous vehicles," *Annual Review of Control, Robotics, and Autonomous Systems* 1, no. 1 (2018): 187-210.

我們如何運用時間呢："American Time Use Survey Summary," Economic News Release, US Bureau of Labor Statistics, June 23, 2022.

在桌面上添加微纖毛，將桌子本身變成機器人：Bruce R. Donald, Christopher G. Levey, Igor Paprotny, and Daniela Rus, "Planning and control for microassembly of structures composed of stress-engineered MEMS microrobots," *International Journal of Robotics Research* 32, no. 2 (2013): 218-46.

程式碼編寫小幫手服務：Kyle Wiggers, "Copilot, GitHub's AI-powered programming assistant, is now generally available," *TechCrunch*, June 21, 2022.

自駕輪床在行進過程中會遇到許多意外的障礙：Alyssa Pierson, Cristian-Ioan Vasile, Anshula Gandhi, Wilko Schwarting, Sertac Karaman, and Daniela Rus, "Dynamic risk density for autonomous navigation in cluttered environments without object detection," *2019 International Conference on Robotics and Automation (ICRA)*, 5807-14.

我們曾在實驗室打造了可以製作餅乾的烘焙機器人原型：Mario Bollini, Stefanie Tellex, Tyler Thompson, Nicholas Roy, and Daniela Rus, "Interpreting and Executing Recipes with a Cooking Robot," *Experimental Robotics: The 13th International Symposium on Experimental Robotics* (Springer International Publishing, 2013), 481-95.

阿比爾帶領團隊開發了程式，讓受歡迎的人形研究機器人PR2能夠整理並摺疊一堆毛巾：Jeremy Maitin-Shepard et al., "Cloth grasp point detection based on multiple-view geometric cues with application to robotic towel folding," *2010 IEEE International Conference on Robotics and Automation*, 2308-15.

機器人PR2摺好一條毛巾大約需要25分鐘：Evan Ackerman, "Yes! PR2 very close to completing laundry cycle," *IEEE Spectrum*, November 20, 2014.

將一輛自動駕駛的小貨車，從匹茲堡開到洛杉磯：Charles Thorpe, Martial H. Hebert, Takeo Kanade, and Steven A. Shafer, "Vision and navigation for the Carnegie-Mellon Navlab," *IEEE Transactions on Pattern Analysis and Machine Intelligence* 10, no. 3 (1988): 362-73.

第 4 章　克服重力

伍德在微型機器人領域的驚人成就：Kevin Y. Ma, Samuel M. Felton, and Robert J. Wood, "Design, fabrication, and modeling of the split actuator microrobotic bee," *2012 IEEE/RSJ International Conference on Intelligent Robots and Systems*, 1133-40.

足部帶有電磁鐵的機器毛蟲：Keith Kotay and Daniela Rus, "The inchworm robot: A multi-functional system," *Autonomous Robots* 8, no. 1 (2000): 53-69.

乾性黏著：Elliot W. Hawkes, Eric V. Eason, David L. Christensen, and Mark R. Cutkosky, "Human climbing with efficiently scaled gecko-inspired dry adhesives," *Journal of the Royal Society Interface* 12, no. 102 (2015): 20140675.

壁虎機器人：Sangbae Kim et al., "Smooth vertical surface climbing with directional adhesion," *IEEE Transactions on Robotics* 24, no. 1 (2008): 65-74.

第 5 章　機器人的魔法

實體世界中，幾乎任何無生命的物體都能變成機器人：Sehyuk Yim, Cynthia Sung, Shuhei Miyashita, Daniela Rus, and Sangbae Kim, "Animatronic soft robots by additive folding," *International Journal of Robotics Research* 37, no. 6 (2018): 611-28.

你的掃帚、椅子、檯燈都可以是機器人：Adriana Schulz, Cynthia Sung, Andrew Spielberg, Wei Zhao, Yu Cheng, Ankur Mehta, Eitan Grinspun, Daniela Rus, and Wojciech Matusik, "Interactive robogami: Data-driven design for 3D print and fold robots with ground locomotion," *SIGGRAPH 2015: Studio* 1 (2015): 1.

使用手環和臂環的新手勢介面系統：Joseph DelPreto and Daniela Rus, "Sharing the load: Human-robot team lifting using muscle activity," *2019 International Conference on Robotics and Automation (ICRA)*, 7906-12.

我的實驗室用「一袋沙」來比喻：Kyle Gilpin, Ara Knaian, and Daniela Rus, "Robot pebbles: One centimeter modules for programmable matter through self-disassembly," *2010 IEEE International Conference on Robotics and Automation*, 2485-92; and John W. Romanishin, Kyle Gilpin, and Daniela Rus, "M-blocks: Momentum-driven, magnetic modular robots," *2013 IEEE/RSJ International Conference on Intelligent Robots and Systems*, 4288-95.

第二款自重組機器人為「晶體」：Keith Kotay, Daniela Rus, Marsette Vona, and Craig McGray, "The self-reconfiguring robotic molecule," *Proceedings of the 1998 IEEE International Conference on Robotics and Automation* (Cat. No.98CH36146), vol. 1, 424-31; and Daniela Rus and Marsette Vona, "Crystalline robots: Self-reconfiguration with compressible unit modules," *Autonomous Robots* 10 (2001): 107-24.

M積木：John W. Romanishin, Kyle Gilpin, Sebastian Claici, and Daniela Rus, "3D M-Blocks: Self-reconfiguring robots capable of locomotion via pivoting in three dimensions," *2015 IEEE International Conference on Robotics and Automation (ICRA)*, 1925-32.

我們建立了一個名為「米契」的自我雕塑系統：Kyle Gilpin, Keith Kotay, Daniela Rus, and Iuliu Vasilescu, "Miche: Modular shape formation by self-disassembly," *International Journal of Robotics Research* 27, no. 3-4 (2008): 345-72.

運算科學暨機器人學家維羅索曾在卡內基梅隆大學主持一項研究計畫：Peter Stone and Manuela Veloso "Layered approach to learning client behaviors in the robocup soccer server," *Applied Artificial Intelligence* 12, nos. 2-3 (1998): 165-88.

我們開發了一款較柔軟、具彈性的版本，名為「果凍方塊」：Shuguang Li and Daniela Rus, "JelloCube: A continuously jumping robot with soft body," *IEEE/ASME Transactions on Mechatronics* 24, no. 2, (2019): 447-58.

已在阿姆斯特丹投入應用的自駕船：Wei Wang, Banti Gheneti, Luis A. Mateos, Fabio Duarte, Carlo Ratti, and Daniela Rus, "Roboat: An autonomous surface vehicle for urban waterways," *2019 IEEE/RSJ International Conference on Intelligent Robots and Systems (IROS)*, 6340-47.

第6章　化隱為顯

夫里曼帶領團隊開發了一套系統，能觀察到人體的脈動：Ce Liu et al., "Motion magnification," *ACM Transactions on Graphics* 24, no. 3 (July 2005).

卡塔比開創了一項先進技術：Fadel Adib and Dina Katabi, "See through walls with WiFi!," *Proceedings of the ACM SIGCOMM 2013 Conference on SIGCOMM (SIGCOMM '13)*, Association for Computing Machinery, 75-86.

這種「X光視覺」系統目前已於療養院和醫院部署：Adam Conner-Simons, "Device

for nursing homes can monitor residents' activities with permission (and without video)," *MIT CSAIL News*, August 25, 2020.

我的實驗室在夫里曼和托拉爾巴的協助下,開發了其他方法來偵測不可見的動態,尤其是「看見」轉角處的情況:Katherine L. Bouman, Vickie Ye, Adam B. Yedidia, Fredo Durand, Gregory W. Wornell, Antonio Torralba, and William T. Freeman, "Turning corners into cameras: Principles and methods," *Proceedings of the IEEE International Conference on Computer Vision*, 2017, 2270-78; and Felix Naser, Igor Gilitschenski, Guy Rosman, Alexander Amini, Fredo Durand, Antonio Torralba, Gregory W. Wornell, William T. Freeman, Sertac Karaman, and Daniela Rus, "Shadowcam: Real-time detection of moving obstacles behind a corner for autonomous vehicles," *2018 21st International Conference on Intelligent Transportation Systems (ITSC)*, 560-67.

我們在實驗室下方的停車場,測試了這項「看見轉角處」的自駕車應用程式:Felix Naser, Igor Gilitschenski, Alexander Amini, Christina Liao, Guy Rosman, Sertac Karaman, and Daniela Rus, "Infrastructure-free NLoS obstacle detection for autonomous cars," *2019 IEEE/RSJ International Conference on Intelligent Robots and Systems* (2019): 250-57.

日本電腦科學家淺川智惠子:Virginia Harrison, "The blind woman developing tech for the good of others," *BBC News*, December 7, 2018.

室內小型定位器導航解決方案:Dragan Ahmetovic, Cole Gleason, Chengxiong Ruan, Kris Kitani, Hironobu Takagi, and Chieko Asakawa, "NavCog: A navigational cognitive assistant for the blind," *Proceedings of the 18th International Conference on Human Computer Interaction with Mobile Devices and Services*, 2016, 90-99.

淺川智惠子開發一款更精簡的導航系統:"Q & A with an accessibility research pioneer: Chieko Asakawa," *IBM Cognitive Advantage Reports*, https://www.ibm.com/watson/advantage-reports/future-of-artificial-intelligence/chieko-asakawa.html. Accessed May 24, 2023.

智慧項鍊:Robert K. Katzschmann, Brandon Araki, and Daniela Rus, "Safe Local Navigation for Visually Impaired Users with a Time-of-Flight and Haptic Feedback Device," *IEEE Transactions on Neural Systems and Rehabilitation Engineering* 26, no. 3 (2018): 583-93.

第 7 章　精準執行

通用汽車生產線上安裝了首臺原型機「優尼美特」：Alessandro Gasparetto and Lorenzo Scalera, "From the Unimate to the Delta robot: The early decades of Industrial Robotics," *Explorations in the History and Heritage of Machines and Mechanisms: Proceedings of the 2018 HMM IFToMM Symposium on History of Machines and Mechanisms*, 2019, 284-95.

工程師暨發明家索爾茲伯里打造：Matthew T. Mason and J. Kenneth Salisbury, *Robot Hands and the Mechanics of Manipulation* (Cambridge, MA: MIT Press, 1985).

索爾茲伯里為達文西機器手臂研發部分關鍵系統：Gary S. Guthart and J. Kenneth Salisbury, "The Intuitive/sup TM/telesurgery system: Overview and application," *Proceeding*s of the 2000 ICRA Millenniu*m Conference, IEEE International Conference on Robotics and Automation*, vol. 1, 618-21.

達文西手術系統還能消除主刀醫師因生理產生的顫抖：Phillip Mucksavage et al., "The da Vinci® Surgical System overcomes innate hand dominance," *Journal of Endourology* 25, no. 8 (August 2011): 1385-88.

使用了生物可降解的香腸腸衣：Shuhei Miyashita, Steven Guitron, Kazuhiro Yoshida, Shuguang Li, Dana D. Damian, and Daniela Rus, "Ingestible, controllable, and degradable origami robot for patching stomach wounds," *2016 IEEE International Conference on Robotics and Automation (ICRA)*, 2016, 909-16.

只有1%的癌症病人接受質子治療，但高達半數的病人從中受益：Details available at https://gray.mgh.harvard.edu/jobs/295-compact-proton-therapy-system-project-opportunities-for-students-and-postdocs. Accessed May 24, 2023.

軟性外骨骼動力衣，包覆病人的腰部、肩膀和上臂：Thomas Buchner, Susu Yan, Shuguang Li, Jay Flanz, Fernando Hueso-Gonzalez, Edward Kielty, Thomas Bortfeld, and Daniela Rus, "A soft robotic device for patient immobilization in sitting and reclined positions-for a compact proton therapy system," *2020 8th IEEE RAS/EMBS International Conference for Biomedical Robotics and Biomechatronics (BioRob)*, 2020, 981-88.

以1公釐以內的精確度重新定位，這是臨床應用所需的高精度：Thomas R. Bortfeld and Jay S. Loeffler, "Three ways to-make proton therapy affordable," *Nature* 549 (September 2017): 451-53.

自動駕駛曳引機："John Deere Reveals Fully Autonomous Tractor at CES-2022," John Deere Company news release, January 4, 2022.

第 8 章　如何建造機器人？

軟性機器人更可塑、靈活，且通常更安全：Daniela Rus and Michael T. Tolley, "Design, fabrication and-control of soft robots," *Nature* 521, no. 7553 (2015): 467-75.

智慧型手機的運算能力遠超過1980年代的克雷二號超級電腦：Adobe Acrobat Team, "Fast forward—comparing-a 1980s supercomputer to the modern smartphone," *Adobe Blog: Future of Work*, November 8, 2022.

第 9 章　機器人的大腦

風圖智能科技（Venti Technologies）是我與好友共同創辦的公司：https://venti-technologies.com. Accessed September 25, 2023.

物件辨識演算法的測試準確率高達91%："Image Classification on ImageNet," *Papers with Code*. https://paperswithcode.com/sota/image-classification-on-imagenet. Accessed-February 16, 2023.

美國國家公路交通安全管理局頒布回報命令：Andrew J. Hawkins, "Car companies will have to report-automated vehicle crashes under new rules," *The Verge*, June 29, 2021.

脈衝光波接觸到300公尺內的任何物體表面時，會反射回光達感測器：Lindsay Brooke, "LiDAR giant," *Autonomous Vehicle Engineering*, October 2018.

高精地圖：civilmaps.com.

開放街圖只需約40億位元組的數據：planet.openstreetmap.com.

光達僅能捕捉到粗略的三維輪廓：Zhi Yan et al., "Online learning for human classification-in 3D LiDAR-based-tracking," *Proceedings of the 2017 International Symposium on Intelligent Robot Systems*, 864-71.

奧迪A8的塞車自動駕駛系統，設計用於時速低於六十公里的塞車情況：Stephen Edelstein, "Audi gives up on-Level 3 autonomous driver-assist-system in A8," *Motor Authority*, April 28, 2020.

守護者系統可視為是並行的自主系統：Wilko Schwarting, Javier Alonso-Mora, Liam Pauli, Sertac Karaman, and Daniela Rus, "Parallel autonomy in automated vehicles: Safe-motion generation with minimal intervention," *2017 IEEE International Conference on Robotics and Automation (ICRA)*, 2017, 1928-35.

第 10 章　靈巧操作

烘焙機器人彰顯了機械操作的諸多挑戰：Mario Bollini, Stefanie Tellex, Tyler Thompson, Nicholas-Roy, and Daniela Rus, "Interpreting and Executing Recipes with a Cooking-Robot," *Experimental Robotics: The 13th International Symposium on Experimental Robotics* (Springer International Publishing, 2013), 481-95.

第 11 章　機器人如何學習

具備學習能力有助於精簡機器人更高階的推理和規劃過程：Zi Wang, Caelan Reed Garrett, Leslie Pack Kaelbling, and Tomás Lozano-Pérez, "Learning compositional models of robot skills for task and motion planning," *International Journal of Robotics Research* 40, no.6-7 (2021): 866-94.

「百特」人形機器人嘗試自學如何拿取各類物品：John Oberlin and Stefanie Tellex, "Autonomously acquiring instance-based object models from experience," *Robotics Research* 2 (2018): 73-90.

讓三百臺百特機器人集體自行學會拿取一百萬種不同物品：Will Knight, "How Robots can quickly teach each other to grasp new objects," *MIT Technology Review*, November 17, 2015.

OpenAI實驗室的機器手臂成功解開了魔術方塊：OpenAI, "Solving Rubik's Cube with a robot hand," October 15, 2019.

谷歌旗下自駕車子公司威莫，已在現實世界行駛超過兩千萬英里：https://waymo.com/waymo-driver. Last accessed February 16, 2023.

訓練GPT4的成本超過一億美元：Will Knight, "OpenAI's CEO Says the Age of Giant AI Models Is Already Over," *Wired*, April 17, 2023.

參考資料

傳統的信用體系在貸款決策上，本就存有偏見：Lisa Rice and Deidre Swesnik, "Discriminatory effects of credit scoring on communities of color," *Suffolk University Law Review* 46 (2012): 935.

有證據顯示，這樣做有損機器學習模型的表現：Adam Zewe, "Can machine-learning models overcome biased datasets?" *MIT News Office*, February 21, 2022.

研究團隊現在也在開發新的系統調整演算法，希望能避免種族歧視、性別歧視等其他不良特徵：Tom Abate, "Stanford, Umass Amherst develop algorithms that train AI to avoid specific misbehaviors," *Stanford News*, November 21, 2019.

徹底重新設計標準的機器學習模型：Mathias Lechner, Ramin Hasani, Alexander Amini, Thomas A. Henzinger, Daniela Rus, and Radu Grosu, "Neural circuit policies enabling auditable autonomy," *Nature Machine Intelligence 2*, no. 10 (2020): 642-52.

液體網路：Makram Chahine, Ramin Hasani, Patrick Kao, Aaron Ray, Ryan Shubert, Mathias Lechner, Alexander Amini, and Daniela Rus, "Robust, flight navigation out of distribution with liquid neural networks," *Science Robotics,* 8, no. 77 (2023).

秀麗隱桿線蟲的大腦只有302個神經元：Donald L. Riddle, Thomas Blumenthal, Barbara J. Meyer, and James, R. Priess, *C. Elegans II* (Cold Spring Harbor Laboratory Press, 1997).

☆ 機器人相關技術概覽

模仿學習：Edward Johns, "Coarse-to-fine, imitation learning:, robot manipulation from a single demonstration," arXiv:2105.06411.

威莫的自駕車涵蓋了超過二百億英里真實里程和模擬里程的資料：https://waymo.com. Last accessed February 16, 2023.

威莫收購了一家開發自動駕駛模仿學習方法的公司：Liane Yvkoff, "With acquisition of latent logic, waymo, adds imitation learning to self-driving, training," *Forbes*, December 12, 2019.

一步步迭代「去雜訊」：Jonathan Ho, Ajay Jain, and Pieter Abbeel, "Denoising diffusion, probabilistic models," *Advances in Neural Information Processing Systems,* 33 (2020): 6840-51.

第 12 章　科技專家的待辦事項清單

特斯拉宣稱，他們無需仰賴光達：Ben Dickson, "Tesla AI chief explains why self-driving, cars, don't need lidar," *VentureBeat*, July 3, 2021.

第 13 章　可能的未來

新冠疫苗推出後短短十天內，美國就已施打超過一百萬劑："CDC Museum COVID-19, Timeline,", https://www.cdc.gov/museum/timeline/covid19.html. Last accessed February 15, 2023.

如果實際數據與數位分身的表現有出入，很可能是問題的徵兆：Reinhard Laubenbacher et al., "Building digital, twins of the human immune system: Toward a roadmap," *NPJ Digital Medicine,* 5, no. 14 (2022): 64.

德國電腦科學家史科夫對於機器學習的因果關係發展，做出了重要貢獻：Bernhard Scholkopf, "Causality for machine learning,", December 23, 2019, arXiv:1911.10500v2.

訓練一個深度學習模型，平均消耗的電力會釋出約62.6萬磅的二氧化碳：Emma Strubell et al., "Energy and policy considerations, for deep learning in NLP," June 5, 2019, arXiv:1906.02243.

第 14 章　可能發生的問題？

米勒和瓦拉塞克成功從遠端，駭入了一輛吉普汽車：Charlie Miller, "Lessons learned from hacking a car,", *IEEE Design & Test* 36, no. 6 (December 2019).

經典的「電車難題」：Judith Jarvis Thomson, "The trolley problem," *Yale, Law Journal* 94, no. 6: 1395-1415.

「熾天使」機器人："'Seraph' wins Best Robot Actor Award," *MIT CSAIL, News,* July 18, 2012.

我並非第一個提出這種可能性的機器人專家：Nikolaos M. Siafakas, "Do we need a Hippocratic Oath for, artificial intelligence scientists?," *AI Magazine* 42, no. 4 (Winter 2021).

第 15 章　未來工作

皮尤研究中心2018年的報告：Richard Wike and Bruce Stokes, "In, Advanced and Emerging Economics Alike, Worries About Job Automation," Pew Research Center, September 13, 2018.

美國勞工部勞動統計局並未發現AI加速失業的證據：US Bureau of Labor Statistics, "Growth trends for selected, occupations considered at risk from automation," *Monthly Labor Review*, July 2022.

法國公學院經濟學家艾吉昂帶領的一組經濟學家發現，平均而言，自動化似乎促進了企業的人才招募：Philippe Aghion et al., "The, Effects of Automation on Labor Demand: A Survey of the Recent Literature,", CEPR Discussion Paper No. DP16868, January 1, 2022.

日本製造公司的就業率平均增長了2.2%：Daisuke Adachi, "Robots and employment: Evidence from Japan, 1978-2017," *Journal of Labor Economics* 41, no. 1 (January 2023).

有時，機器人的導入確實促進了企業招聘；但其他情況下，勞動力規模卻有所縮減：Suzanne Berger and Benjamin Armstrong, "The puzzle of the missing robots," *MIT Schwarzman College of Computing Case Studies*, Winter 2022.

所謂的「中階技術」工作者將受到最大衝擊："Economists are revising their views on robots and jobs," *Economist*, January 22, 2022.

1800年，每十個美國人當中，有九人從事農業；到了2000年，此數字縮減至每百人中僅兩人：Daron Acemoglu, *Introduction to Modern Economic Growth* (Princeton, NJ: Princeton University Press, 2009).

回顧過去的工作史，我們會發現，技術並未使工作自動化，而是使任務自動化：Paul R. Daugherty and H. James Wilson, *Human + Machine: Reimagining Work in the Age of AI* (Cambridge, MA: Harvard Business Review Press, 2018).

麻省理工學院經濟學家的研究顯示，2018年有63%的職位在1940年時尚未存在：David Autor et al., "New Frontiers: The Origins and Content of New Work, 1940-2018," Massachusetts Institute of Technology (MIT), Blueprint Labs, 2021.

電腦導致了三百五十萬個工作機會流失⋯⋯卻相對創造了一千九百萬個全新的就業機會：James Manyika, "Automation and the future of work," *Milken Institute Review*, October 29, 2018.

麻省理工學院未來工作任務小組：所做的研究發現，都公布在 workofthefuture.mit.edu.

卡車司機、碼頭工人和倉儲人員短缺：Michael R. Blood, "Biden plan to run Los Angeles port 24/7 to break supply chain backlog falls short," Associated Press, November 16, 2021.

全球二十六個經濟體可能會有八千五百萬個工作崗位被取代，但同時也會創造九千七百萬個新職位：World Economic Forum, *The Future of Jobs Report 2020*, 5.

艾倫研究所的科學家正利用機器學習技術，來辨識醫師無法觀察到的人眼徵象：Chawin Ounkomol et al., "Label-free prediction of three-dimensional fluorescence images from transmitted-light microscopy," *Nature Methods* 15 (2018): 917-20.

客戶服務、培訓與發展、人員與文化、以及組織發展等領域的職位，預計將快速增長：World Economic Forum, *The Future of Jobs Report, 2020*, viii.

顧問公司埃森哲針對一千五百家企業進行研究：World Economic Forum, *The Future of Jobs Report 2020*, 59.

科博特公司正利用機器學習和機器人技術，發明環保高效材料："Harvard scientists launch breakthrough AI and robotics tech company, Kebotix, for rapid innovation of materials," *BusinessWire*, November 7, 2018.

未來還需要更多的機器人工程師、電腦視覺科學家、深度學習專家和機器學習系統工程師等專業人才：H. James Wilson and Paul R. Daugherty, "Why even AI-powered factories will have jobs for humans," *Harvard Business Review*, August 8, 2018.

麥肯錫全球研究院估計2025年以後：Sree Ramaswamy et al., "Making it in America: Revitalizing US Manufacturing," McKinsey Global Institute Report, November 13, 2017.

專家擔心可能出現中階工作空洞化：David Mindell, email to author, February 17, 2023.

正如經濟學家薩克斯所言：Jeffrey D. Sachs, "Some brief reflections on digital technologies and economic development," *Ethics & International Affairs* 33, no. 2 (Summer 2019) : 159-67.

AI全球夥伴聯盟：Details available at gpai.ai.

第 16 章　運算教育

我們的資料庫涵蓋了兩億種蛋白質結構：Information available at https://www.deepmind.com/ research/highlighted-research/alphafold. Last accessed February 16, 2023.

學校應與企業建立緊密聯繫，設計符合市場需求的技能課程：David Autor, David A. Mindell, and Elisabeth Reynolds, *The Work of the Future: Building Better Jobs in an Age of Intelligent Machines* (Cambridge, MA: MIT Press, 2022).

亞馬遜「技能提升2025」計畫：Alicia Boler Davis, "New Amazon program offers free career training in robotics," *Amazon News / Workplace*, January 27, 2021.

科克推出了「機器人學院」：https://robotacademy.net.au/masterclass/introduction-to-robotics/. Accessed May 24, 2023.

第 17 章　前行的巨大挑戰

到了2050年，地球人口可能增加至九十七億人：United Nations Department of Economic and Social Affairs, Population Division, "World Population Prospects 2022: Summary of Results."

如果我們將射向地球的太陽輻射量，偏轉1.8%：更詳細的資料，請參考 https://senseable.mit.edu/space-bubbles.

每年約有四百八十萬噸至一千二百七十萬噸塑膠廢棄物流入海洋：Jenna Jambeck et al., "Plastic waste inputs from land into the ocean," *Science* 347, no. 6223 (February 13, 2015).

實體資訊搜尋：Vijay Kumar, Daniela Rus, and Sanjiv Singh, "Robot and sensor networks for first responders," *IEEE Pervasive Computing* 3, no. 4 (2004): 24-33.

科學文化 242

我們與機器人的光明未來
建造更美好的世界

THE HEART AND THE CHIP
Our Bright Future with Robots

原著 —— 羅斯、莫恩（Daniela Rus and Gregory Mone）
譯者 —— 張嘉倫
科學叢書顧問群 —— 林和、牟中原、李國偉、周成功

副社長兼總編輯 —— 吳佩穎
編輯顧問暨責任編輯 —— 林榮崧
封面設計暨美術排版 —— 江儀玲

出版者 —— 遠見天下文化出版股份有限公司
創辦人 —— 高希均、王力行
遠見‧天下文化 事業群榮譽董事長 —— 高希均
遠見‧天下文化 事業群董事長 —— 王力行
天下文化社長 —— 王力行
天下文化總經理 —— 鄧瑋羚
國際事務開發部兼版權中心總監 —— 潘欣
法律顧問 —— 理律法律事務所陳長文律師
著作權顧問 —— 魏啟翔律師
社址 —— 台北市 104 松江路 93 巷 1 號 2 樓
讀者服務專線 —— 02-2662-0012 ｜ 傳真 —— 02-2662-0007, 02-2662-0009
電子郵件信箱 —— cwpc@cwgv.com.tw
直接郵撥帳號 —— 1326703-6 號 遠見天下文化出版股份有限公司
製版廠 —— 東豪印刷事業有限公司
印刷廠 —— 祥峰印刷有限公司
裝訂廠 —— 台興印刷裝訂股份有限公司
登記證 —— 局版台業字第 2517 號
總經銷 —— 大和書報圖書股份有限公司 電話／02-8990-2588
出版日期 —— 2025 年 5 月 29 日第一版第 1 次印行
　　　　　 2025 年 10 月 28 日第一版第 5 次印行

國家圖書館出版品預行編目（CIP）資料

我們與機器人的光明未來：建造更美好的世界／羅斯（Daniela Rus），莫恩（Gregory Mone）著；張嘉倫譯. -- 第一版. -- 臺北市：遠見天下文化出版股份有限公司, 2025.05
　面；　公分. --（科學文化；242）
譯自：The heart and the chip : our bright future with robots.
ISBN 9786264173575（平裝）

1. 機器人　2. 人工智慧　3. 未來社會

448.992　　　　　　　　　　　　114005163

Copyright © 2024 by Daniela Rus
Complex Chinese translation copyright © 2025 by Commonwealth Publishing Co., Ltd.,
a division of Global Views – Commonwealth Publishing Group
This edition is published by agreement with Creative Artists Agency through Bardon-Chinese Media Agency
ALL RIGHTS RESERVED

定價 —— NT500 元
書號 —— BCS242
ISBN —— 9786264173575
EISBN —— 9786264173544（EPUB）；9786264173551（PDF）
天下文化官網 —— http://www.bookzone.com.tw

本書如有缺頁、破損、裝訂錯誤，請寄回本公司調換。
本書僅代表作者言論，不代表本社立場。